地下ガスによる液状化現象と地震火災

堀江 博
Horie Hiroshi
著

「リスボン大地震の惨状を海から描いた図」

高文研

本文中に示す図の内、以下の8枚を、カラー図で示す。

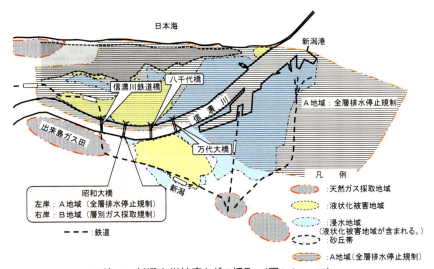

口絵 1　新潟市街被害とガス採取　（図1-3、p-43）
1964年発生の新潟地震における液状化被害とガス採取の関係の概要を示す。

口絵 2　リスボン大地震の惨禍　（図1-6、p-55）
1755年発生のポルトガル・リスボン大地震の時に版画で描かれた液状化の状況を示す。

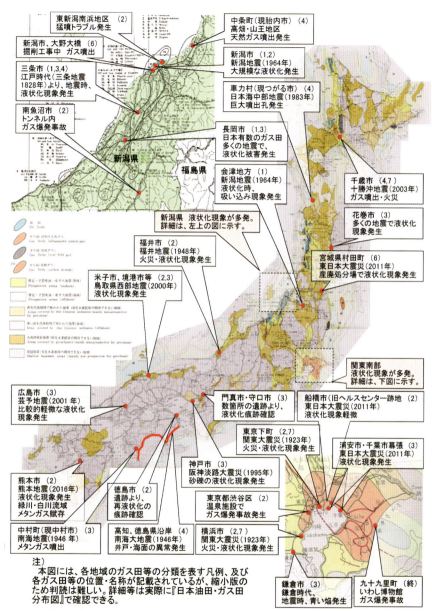

口絵 3 『日本油田・ガス田分布図』と「液状化関連内容とその位置図」
　　　　　　（　）内の数字等は章を示す。（図2-1、p-60）
1976年、旧通産省地質調査所より発行されたガス田分布図と液状化関連内容の概要を示す。

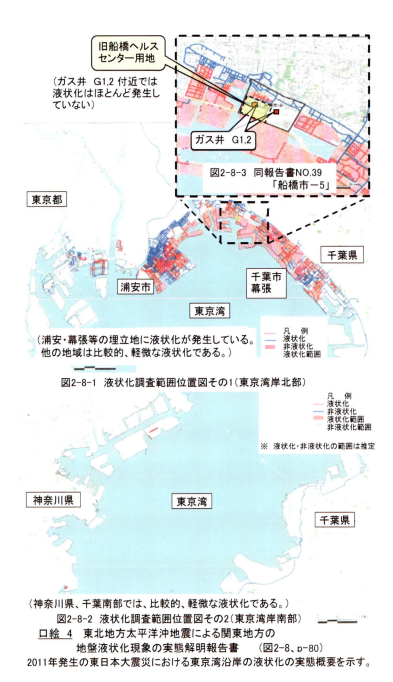

図2-8-1 液状化調査範囲位置図その1（東京湾岸北部）

図2-8-2 液状化調査範囲位置図その2（東京湾岸南部）

口絵 4　東北地方太平洋沖地震による関東地方の
　　　　地盤液状化現象の実態解明報告書　　（図2-8、p-80）
2011年発生の東日本大震災における東京湾沿岸の液状化の実態概要を示す。

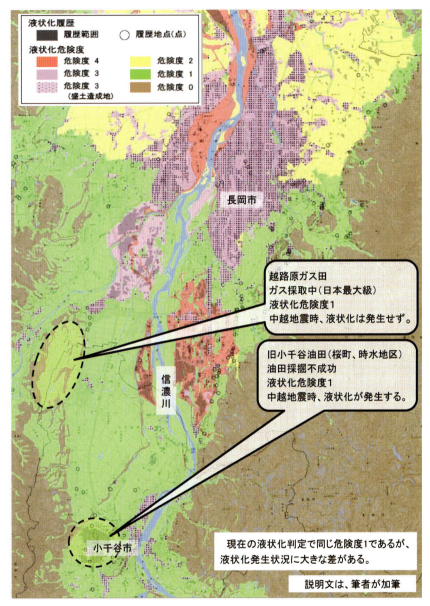

口絵 5 新潟県内液状化しやすさマップ （長岡市及び小千谷市付近）
（図3-4、p-115）
2004年発生の中越地震における長岡・小千谷附近の液状化履歴と液状化危険度の関係概要を示す。

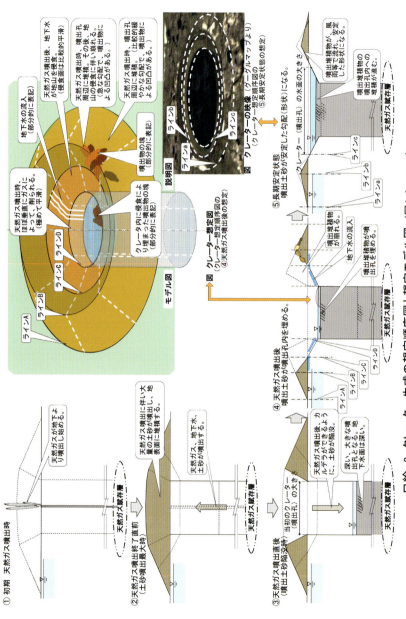

口絵 6 クレーター生成の想定順序図と想定モデル図（図4-3, p-136）
2014年シベリアにできたクレーターの生成想定概要図を示す。

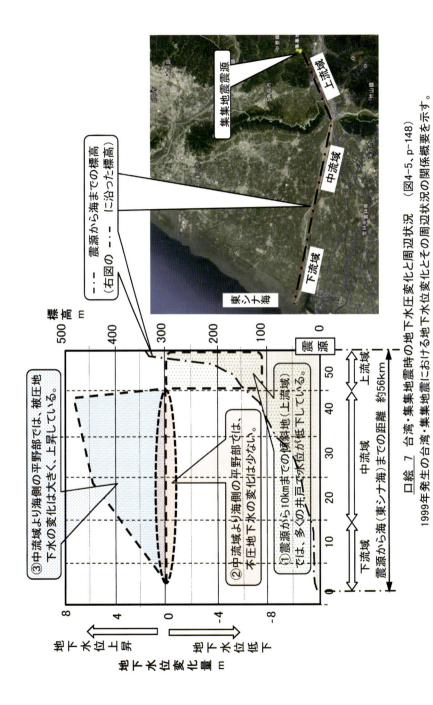

口絵 7 台湾・集集地震時の地下水圧変化と周辺状況 （図4-5, p-148）
1999年発生の台湾・集集地震における地下水位変化とその周辺状況の関係概要を示す。

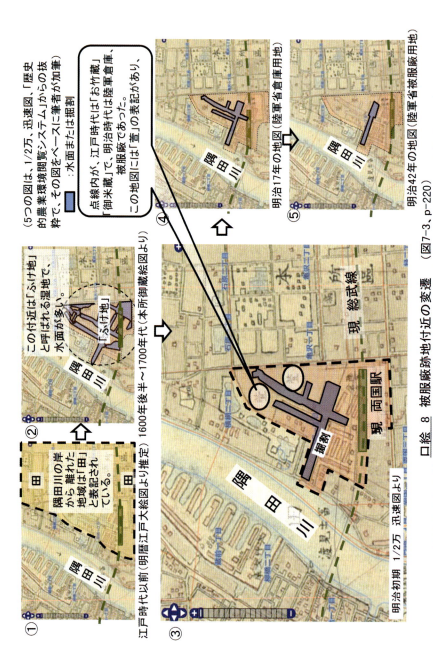

口絵 8 被服廠跡地付近の変遷 (図7-3, p-220)
1923年発生の関東大震災までの被服廠跡地 (約3万6千人が亡くなる) の変遷概要を示す。

●目次

はじめに……………………………………………………………………………15

序章　地下ガス発生……………………………………………………………17
　　　新たな用語の定義1：深層噴流

第一部　液状化の真相（パラダイムシフト）

第一章　新潟地震当時の液状化現象と考え方……………………………35
　1．1　昭和大橋落橋の真相……………………………………………………35
　　　（1）　調査報告①　『昭和39年新潟地震震害調査速報』
　　　（2）　調査報告②　『昭和39年新潟地震震害調査報告』
　　　（3）　事故情報と想定
　1．2　地下ガス（バブル）の影響……………………………………………40
　　　（1）　新潟日報の記事
　　　（2）　天然ガスとその影響
　　　参考1-1：〈出来島ガス田と採取規制〉
　　　（3）　ガス田との関係
　　　参考1-2：〈越後三条地震より〉
　1．3　新潟地震における液状化の解釈………………………………………48
　　　（1）　地震直後の有識者の判断
　　　（2）　液状化の解釈
　1．4　液状化現象の特殊性……………………………………………………50
　　　（1）　地下水の吸込み
　　　新たな用語の定義2：逆噴流
　　　（2）　砂礫の噴出
　　　（3）　粘土層の"悪戯"
　　　参考1-3：〈リスボン大地震と液状化〉

第二章　天然ガスの賦存と採取⋯⋯⋯⋯⋯⋯⋯⋯⋯⋯⋯⋯⋯⋯⋯57

- 2．1　天然ガス⋯⋯⋯⋯⋯⋯⋯⋯⋯⋯⋯⋯⋯⋯⋯⋯⋯⋯⋯⋯⋯⋯57
  - (1)　日本における天然ガス
  - (2)　爆発事故と規制対象地域及び液状化予測の見直しの必要性
- 2．2　ガス田とガス採取⋯⋯⋯⋯⋯⋯⋯⋯⋯⋯⋯⋯⋯⋯⋯⋯⋯⋯67
  - (1)　ガス田
  - 追記：〈熊本地震〉
  - (2)　世界のガス田
  - (3)　日本の代表的ガス田とガス採取
  - 参考 2-1：〈年代効果〉
  - 参考 2-2：〈昭和初期の天然ガス賦存に関する認識〉
  - (4)　ガス埋蔵量と噴出

第三章　地下ガス（バブル）による液状化⋯⋯⋯⋯⋯⋯⋯⋯⋯91

- 3．1　液状化の痕跡⋯⋯⋯⋯⋯⋯⋯⋯⋯⋯⋯⋯⋯⋯⋯⋯⋯⋯⋯91
  - (1)　地震考古学
  - 参考 3-1：〈浸透破壊〉
  - (2)　現位置調査
- 3．2　液状化の不思議⋯⋯⋯⋯⋯⋯⋯⋯⋯⋯⋯⋯⋯⋯⋯⋯⋯102
  - (1)　地下ガス発生
  - (2)　急激な地下水位上昇
  - 参考 3-2：〈新編日本被害地震総覧〉
  - 参考 3-3：〈日本の液状化履歴マップ〉
  - (3)　砂礫の噴出
  - (4)　長時間噴砂
  - (5)　クレーター
  - (6)　再液状化
  - (7)　液状化する土層の深さ

3. 3　液状化現象の比較……………………………………………………112
　　　（1）　類似事例の比較
　　　（2）　同一地域での比較

　3. 4　液状化の真相と再定義……………………………………………116
　　　（1）　液状化の真相
　　　参考 3-4：〈液状化現象の経過〉
　　　（2）　用語の再定義
　　　新たな用語の定義 3：液状化と液化流動
　　　新たな用語の定義 4：流動化と液化滑動
　　　参考 3-5：〈各学会のこれまでの用語の定義：液状化と流動化〉
　　　参考 3-6：〈地質学上（数千万年前）の液状化と流動化〉

第四章　液状化類似現象と変則事例……………………………………129

　4. 1　液状化類似現象の再現……………………………………………129
　　　（1）　新潟県北部　天然ガス異常噴出事例
　　　（2）　地震後（十勝沖地震）のガス噴出事例
　　　参考 4-1：〈シベリアに謎のクレーター出現とその類似現象〉
　　　参考 4-2：〈クレーターの成因〉

　4. 2　液状化関連変則事例………………………………………………138
　　　（1）　地下水の変化　（南海地震報告より）
　　　（2）　地下水位変化の同一性
　　　参考 4-3：〈現状の地下水位の観測方法と課題等〉
　　　参考 4-4：〈不圧地下水と被圧地下水〉
　　　（3）　海面等の変化
　　　（4）　川面の変化
　　　参考 4-5：〈地下水・海面変化と地震予知の仮説〉
　　　参考 4-6：〈地震後、天然ガス噴出例〉

第五章　液状化の課題と検証……………………………………………155
　5．1　液状化基準類の変遷と課題……………………………………155
　　　　（1）　建築基礎構造設計指針（旧建築基礎構造設計規準）
　　　　（2）　道路橋示方書・同解説、Ⅴ耐震設計編
　5．2　透水試験の課題…………………………………………………161
　　　　（1）　地盤の透水性と透水試験
　　　　参考 5-1：〈透水試験とダルシーの法則〉
　　　　（2）　ＪＩＳ　Ａ 1218「土の透水試験」
　　　　（3）　今後のあり方
　5．3　地下ガスの影響の展開…………………………………………164
　　　　（1）　井戸理論とガス
　　　　（2）　透水及び透気試験
　　　　（3）　パイピング現象
　5．4　透水・透気の考え方と課題……………………………………170
　　　　（1）　透気性
　　　　（2）　透水性
　　　　（3）　透水・透気の定性的特性
　　　　（4）　課題
　5．5　新たな着目と結果………………………………………………175
　　　　（1）　湿潤状態（飽和）透気試験と結果
　　　　新たな用語の定義 5：限界透気圧と停止透気圧
　　　　（2）　試験結果より想定される液化流動現象

第二部　地震火災へ（パラダイムの広がり）

第六章　ガス（バブル）の"悪戯" ………………………………………………185
6.1　地下工事でのガス（バブル）噴出（流動化の事例）………………185
6.2　産業廃棄物（産廃）処分場 …………………………………………188
6.3　間欠泉 ……………………………………………………………………190
（1）　間欠沸騰泉
（2）　間欠泡沸泉
参考 6-1：〈泥火山〉
6.4　その他の現象 ……………………………………………………………196
（1）　かまいたち（鎌鼬）
（2）　ガマが噴く
6.5　液状化現象の結びに …………………………………………………200
（1）　液状化現象のパラダイムシフト
（2）　地下ガスを認識し続けること

第七章　地下ガスによる地震火災 ………………………………………………203
7.1　関東大震災の大火 ……………………………………………………203
（1）　関東大震災の大火の真相
（2）　当時の液状化の実態と考え方
参考 7-1：〈当時の液状化（液化流動）の認識〉
（3）　大火の実態と「地下ガス（バブル）による地震火災」説
参考 7-2：〈被服廠跡地〉
（4）　関東大震災時のガス事故と実態
参考 7-3：〈安政江戸地震〉
参考 7-4：〈地震時「地ヨリ火出ツ（地より火出る）」〉
参考 7-5：〈流言飛語の真相〉

7．2　地下ガス（バブル）による火災の類似現象……………………229
　　　（1）　千歳（北海道）の事例
　　　（2）　大地震時の火災
　　参考 7-6：〈通電火災と津波火災〉

終　章　地震火災への対応……………………………………………237
　　参考 終-1：〈リスボン大地震と火災〉

あとがき……………………………………………………………………244

参考文献……………………………………………………………………249

カバーデザイン　藤森瑞樹
DTP組版　えびす堂グラフィックデザイン

はじめに

　今回の、迷宮入り科学解明とは、主に、次の２点である。
１、新潟地震時の液状化現象に隠された原因解明
２、関東大震災時の大火発生に隠された原因解明

　上記２つとも、不可思議な現象があり、必ずしも、原因究明がなされていると考えられていなかった。今日まで、隠れ、確認できなかった原因は、地下のガスであった。地下ガスによって、液状化現象も、大火も発生していたが、これまで、解明されていなかった自然現象は、この２例にとどまらない（他の例は、本文に記載）。
　1964年、大規模な液状化現象が生じた新潟市にも、1923年、大火となった東京下町にも、日本を代表するような、ガス田が地下に潜んでいる。
　上記２つを、これまでに報告された多くの文献及び簡易試験により、検証した。その内容を本書に書き記した（パラダイムシフトの類似事例として、検証を本書にて記載）。
　液状化現象は、東日本大震災等を含め、我々の世代は、何回か経験しているが、地震時の大火は、関東大震災以降発生しておらず、我々世代は経験していない。歴史的に埋もれているような状況であると共に、科学的な解明も、ほぼ停止状態にある。
　関東大震災では、被服廠跡地で、一度に３万６千人がなくなった悲劇に象徴されるように多くの悲劇が発生した。同規模の地震が起これば、再び、それらの悲劇が起きる可能性を否定できない（被服廠跡地での悲劇は、第七章に記す）。
　どのような悲劇が想定されるか。トンネル内のガス爆発に類似した事故が、建物内（また最悪の場合、下町の避難場所）等で発生する可能性は否定できない。現在、我々の日々の生活に欠くことできない電気機器が、ガス爆発発生の引き金となる可能性がないとは、言いきれない。
　まずは、液状化現象を、その後で、地震火災を理解していただきたい。
　関東大震災時の大火の悲劇を、二度と起こさないことが喫緊の課題であると考

えるが、先ず、「地震時の火災の一因が、地下からのガス噴出であったことの事実を認知するか、しないか」が重要である。解決すべき課題への取り組みは、それを認知し、新たなパラダイムが形成されてから、議論しなければならないと考える。パラダイムシフト前の議論は、混乱を招くだけである。

　本書をたたき台として、速やかな議論により地震に対する防災・減災を進めていかなければならない。議論を進めるためにも、先ず御一読願いたい。

序　章
地下ガス発生

液状化現象の共犯は地下ガス（バブル）！

　我々人類はこれまで多くの課題を科学で解決してきた。しかし、迷宮入りした科学も、沢山ある。その一つが液状化現象であり、バブルが起因しているのである。

　主に液体の中でガスなどの気体が丸くなったものがバブルであり、泡である。それは、ガスなどの気体を包む水などの液体からなる。
　1990年代からのバブル経済を通して、「バブルは実体のないもの」として認識されている。1720年に、株価暴落を機にイギリスに大混乱をもたらした「イギリスの南海泡沫（バブル）事件」があり、その事件が日本のバブル経済の語源となったように、日本だけでなく、世界的に、バブルはそのように認識されているのであろう。日本では、鴨長明が、鎌倉時代初期、『方丈記』で水に浮かぶ泡沫（うたかた）は、無常であるとも述べている。
　バブルは、実体がないのでなく、バブル中には、色々な気体が含まれている。中身は、気体で充たされていることは分っていても、古くから、儚いもののように認識されてきた。
　しかし、事実は全く違った。バブルは、古くは日本語で「泡沫、泡」と呼ばれてきたが、我々の想像を超える破壊力を示すことがある。
　地震の振動等により、地下深くの地下水からガス（バブル）が発生し、浮力によって上昇する。上昇に従い、周囲の地下水圧が低くなるため、そのバブルの圧力も低下する。すると、バブルは膨らむ。したがって、その周囲の圧力は、逆に、一時的に高まる。そのガス（バブル）が地下から供給され続ける限り、地表に噴出し続ける。噴出物は、地盤条件等により異なるが、ガス（バブル）だけでなく、地下水や土砂を伴う。

バブル発生が、地盤を破壊する。考えられないような巨大な破壊力を示し、地盤だけでなく、人間が作った大きな構造物を、いとも簡単に、完膚なきままに、我々に警告しているかのように、破壊する。

本書に記す、「地下ガス（バブル）発生による破壊」の考えは、現状では理解しにくく、推理のように思えるかもしれないが、事実である。

バブルによる完膚なき破壊の代表例が、地震時の液状化現象である。類似事例は、他の色々な現象にも現れている。それらについては、後述する。

鴨長明が、京都で平安時代末期の1185年に、31歳で地震の悲惨な経験をし、鎌倉時代の1212年、58歳で『方丈記』で「**土裂けて水湧き出で**」と液状化現象を記してから、約800年が経つ。それ以前も、それ以後も、液状化現象は自然現象の一つとして認識され、ほとんど研究等なされなかった。1964年の新潟地震を経て、液状化現象は「地震の振動による地盤のダイラタンシーとそれによる地下水圧の上昇」によると認識され、現在に至っている。

以後、本書では、「地震の振動による地盤のダイラタンシーとそれによる地下水圧の上昇」を「ダイラタンシーによる地下水圧の上昇」と記す。

用語の説明：〈ダイラタンシーと液状化（これまでの定義〉

ダイラタンシーとは、砂地盤のような粒状体が、せん断ひずみによって体積が変わることであり、地震の振動によっても、地盤にせん断ひずみが生じ、その地盤に体積変化が生じることである。

粒状体である砂には間隙があり、地下水位より深い地盤では、その間隙中は水で充たされており、砂の体積変化により、地盤中の地下水圧が上昇する。その大きくなった地下水圧を過剰間隙水圧と言う。その過剰間隙水圧の大きさが土重量相当になると、土が水の中で浮遊している様な状態となる。その様な現象を、一般的に液状化と言っている。

「ダイラタンシーによる地下水圧の上昇」が、液状化現象に関する既存のパラダイムであるが、このパラダイムがシフトする。パラダイムには、多様な意味があるようであるが、ここでは次のように定義する。

> **用語の定義：パラダイム**
> パラダイムとは、色々な解釈があるが、ここでは、『科学革命の構造』（注0-1）の、まえがきに記されているように「パラダイムとは、一般に認められた科学的業績で、一時期の間、専門家に対して問い方や答え方のモデルを与えるもの」とする。

「ダイラタンシーによる地下水圧の上昇」は、地下水位の高い、粒径の揃った砂地盤で生じやすい。しかし、それだけでは、建物や構造物を破壊するような激しい液状化現象は容易には生じない。液状化現象の共犯は地下ガスである。

液状化現象が生じると、地表面に地下水や土砂が噴出し、そこにはクレーターのような噴出孔が生じる。その噴出孔は、多様な形態を示す。不規則的な多数の噴出孔、線状につながった多数の噴出孔、大小さまざまな単独の噴出孔などである。これまで、このように多様な噴出孔が生じていたことは、沢山の報道等からも、広く一般の方々を含め、認識されていたものの、各々の噴出孔がどのように生じたか、考察が加えられた報告等はほとんどない。噴出孔の事例は、後述の図3-7に示すが、ここでは、「図0-1 液状化による噴出孔モデル図」に、モデル図及び色々な噴出孔の平面・断面図を示すと共に、その特徴を記す。

文献等では、このクレーターを、噴砂孔と記している例があるが、噴出物は、砂だけでなく、ガスや地下水を含む。本書では、このクレーターを噴出孔とする。

「ダイラタンシーによる地下水圧の上昇」だけでは、このように多様な噴出孔が生じることを、説明することはできない。多様な噴出孔が、どのような過程を経て発生するかを示すことにより、液状化現象の共犯が、地下ガスであることを、理解していただきたい。この現象の詳細は主に第五章に示す。

「液状化現象とはどのようなものですか？」その説明が『地震がわかる！（文部科学省　研究開発局　地震・防災研究科）』（注0-2）で紹介されている。ポイントの説明として、以下の通り記されている。

水分を多く含んだ地盤が、地震の揺れによって液状になってしまうことです。

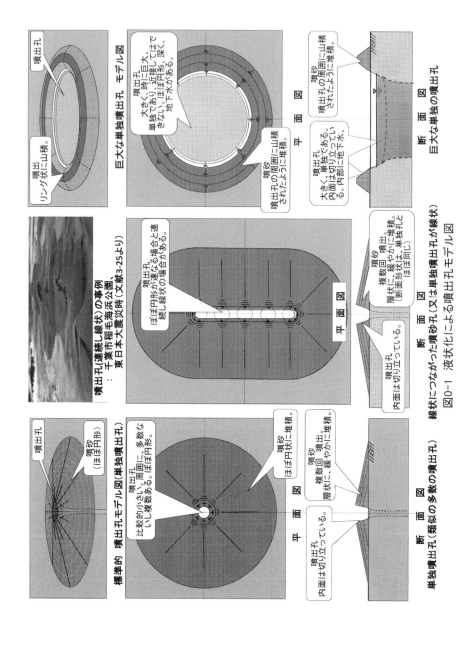

図0-1 液状化による噴出孔モデル図

また、概要図（図0-2）が示されている。これが、既存のパラダイムでの解釈である。液状化現象は、このように単純ではない。既存のパラダイムでは、このように地表面上に、地下水及び土砂が激しく飛び跳ねるように噴出することは説明できない。この解釈は、液状化現象の全体を捉えていない。見落としていた、地下ガスの実態を本書で記す。

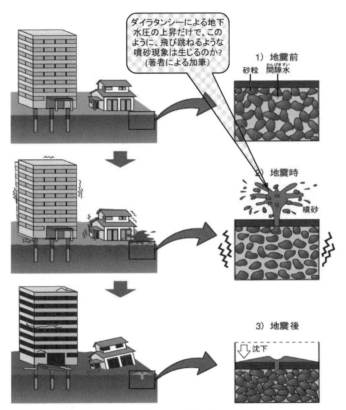

図0-2　液状化現象　概要図

　共犯である地下ガスにより、地盤深くに深層噴流が発生し、液状化現象となる。深層噴流による液状化現象とそれに関連する内容が、本書の主題の一つである。

新たな用語の定義 1：深層噴流

　深層噴流は、これまで液状化を説明するためにはなかった概念である。その詳細は主に第五章に示すが、ここでは次のように定義する。

　地震の振動により、地下深くの地下水中の溶存ガスが遊離する。遊離ガスは地下水中を浮上する。浮上途中に「透水性の低い地層」（以下、「低透水層」と記す）の下で、水が流れにくくなると共に、ガスがその層に接することにより、その層が一時的に「不透気層」となり、ガスは滞留する。滞留することにより、その上下で圧力差が生じる。その圧力差が限界に達すると、滞留していたガスが急激に流れ出し（浮上し始め）、その流れに伴って、地下水・土砂が噴流となって上昇する。その噴流を深層噴流と定義する。

　溶存とは「溶けて存在していること」で、遊離とは「他の物質と結合せずに存在していること」である。ガスは液体に溶ける性質があり、例えば、炭酸水にはガス成分が含まれており、溶けているのが溶存ガスで、振動及び減圧等で泡となっているのが遊離ガスである。

　我々が見ている液状化現象は、その一部の地表面の現象を見ているだけである。一様な地盤であれば、流れが一ヶ所に集中する事はなく、深層噴流は生じない。しかし、一様な地盤は、存在しない。地盤は、極めて複雑であり、ほとんどこの「低透水層」を有しており、一時的にガスの「不透気層」となる。そのため、深層噴流は単純でない。

科学／技術からの視点

　科学／技術はこれまで大きく発展してきたのは事実である。現代の目覚ましく発展するＩＴ技術等に接していると、あたかも、全ての現象が解明されているとの錯覚を覚える時さえある。

　『科学／技術と人間　問われる科学／技術』（注 0-3）の、「４　科学の変貌と再定義　三、20 世紀の科学哲学」の中に、「20 世紀の科学哲学」に関して、以下の通り書かれている。これは、アメリカの哲学者トーマス・クーンが、1962 年に『科学革命の構造』で表した「科学はどのように発展するか」に関する記述で

あり、一般的には、パラダイムシフトと称される内容である。この引用のあと、本書を紹介する。

　通常科学は絶えずその中に解決できない「変則事例」を抱え込んでいる。たとえば、(中略) ニュートン力学における天王星の軌道の摂動現象などがそれである。(中略) つまり、新たな仮説の提起によって処理されるべき未解決の課題である。ところが、変則事例が科学者共同体の処理能力を超えて蓄積され、既存のパラダイム内部では解決困難と考えられると、当のパラダイムに対するこれまでの信頼性が揺らぎ始める。これが「危機」と呼ばれる事態である。この危機を克服するためにさまざまな代替パラダイムが提案され、新旧パラダイム間の競合と論争を通じて、やがて新たなパラダイムが正当性を獲得する。こうした新旧のパラダイムの転換過程がクーンの言う「科学革命」にほかならない。(中略) クーンの描く科学像によれば、科学理論は「パラダイム→通常科学→変則事例→危機→科学革命→新パラダイム→・・・」という断続的なサイクルを繰り返しながら歴史的に発展するのである。

　本書の内容を、パラダイムシフトに例えて説明する。ただし、クーンが描いた科学革命とは異なり、位置付としては、科学革新と考えている。また、パラダイムシフトは、一般的に、日本語で、パラダイム転換と訳されているが、筆者はパラダイム移行と考える。ただし、用語としては、馴染みのあるパラダイムシフトを本書では使用する。

　液状化現象は、新潟地震までは、専門家を除いて、原因不明の自然現象としてしか捉えられていなかった。新潟地震直後も、なお原因は明らかにならなかったが、それを機に、研究等が進み、「ダイラタンシーによる地下水圧の上昇」がその原因であると、広く世間に認められた。その頃、既存のパラダイムが形成された。
　その後、大地震が起きるたびに大きな被害が出て、検証・研究が進み、一定の成果を得て、その後も進展を見た。これらの成果は通常科学によるものである。
　大地震が生じた時、通常科学では説明できない現象が生じた。「砂礫の噴出」、「長時間噴砂」等の現象であり、これらは変則事例である。これらの変則事例は、

既存のパラダイム、つまり、「ダイラタンシーによる地下水圧の上昇」を、液状化現象の原因とする考え方では解明困難と考えられてきており、新たな仮説の提起によって処理されるべき未解明の課題と考える。

特に、既存のパラダイムでは、液状化の判定が正しく行われておらず、その判定によって計画された対策も信頼性が十分でないと考える。これらの対策では、地盤の破壊等が必ずしも防止できず、したがって、社会の要望に十分には応えられていないことになる。また、液状化が生じると判定されていた地点でも、相応の地震が発生しているにも関わらず、液状化が生じていないケースもある。これらは、科学の危機と考える。

この危機を打破するために、新たなパラダイムを見出した。それを提案するものである。既存のパラダイムである「ダイラタンシーによる地下水圧の上昇」も液状化の一因であるが、提案するパラダイムの基本は「地震の振動による地下ガス（バブル）発生等とそれによる地下水圧の上昇」であり、それに関連して「低透水層（不透気層）による一時的なバブルの滞留」等も液状化現象を大きくしている原因となっていると考える。これらにより、今まで迷宮入りしていたと考える液状化現象が、新たに解明可能となる。科学革新である。

以後、本書では、「地震の振動による地下ガス（バブル）発生等とそれによる地下水圧の上昇」を「地下ガス発生による地下水圧の上昇」と記す。

「地下ガス発生による地下水圧の上昇」が検証され、新たなパラダイムに移行する。パラダイムシフトである。その後、その考え方に基づく対策等の検証、実施が必要になる。

解明への動機

これまで一人のエンジニアとして、液状化対策の計画・工事等を含め、社会インフラの整備に貢献してきたと、わずかばかりの自負はあった。しかし、社会インフラは液状化現象等を含め、自然の力に対して如何に脆弱であったかと、東日本大震災で痛感させられた。

その頃、ある実験を実施する構想を持っていた。「ガス（バブル）の地盤透水性への影響」である。なぜ、その様な構想を持っていたか。地下工事等では、地下水を如何にコントロールするかが、重要なポイントの一つであり、建設会社に

入社以来、心掛けてきた。それでも、時々トラブルに見舞われた。その中の一つが、深い掘削工事中の出水であり、パイピング現象が生じた。そのパイピング現象が生じたその時、地下水と一緒にガスがバブルとなって、地下から湧き出ていた。

> **用語の説明：パイピング現象**
>
> 　地層の上下で水位差があると、水は圧力の高い方から低い方に浸透する。その圧力差が大きくなると、地盤内で脆弱な部分に浸透水が集中し、やがてパイプ状の水の通り「みち」ができる。水は流れやすくなり、水とともに土砂が地表面に噴出する現象がパイピング現象である。パイピング現象が生じる前に、水位差により水が沸騰したように地下から噴出し、その現象をボイリング現象と言う。ボイリング、パイピング両現象の概念図を、図0-3に示す。
>
> 　ボイリング、パイピング両現象の大きな違いは、水鉄砲のように、地下水及び土砂が噴出するか、しないかである。

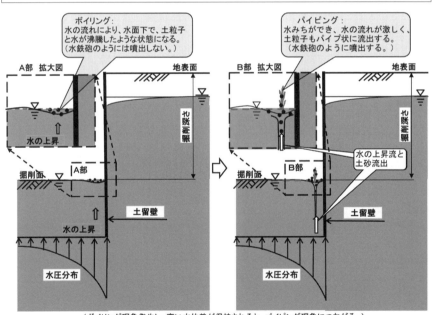

（ボイリング現象発生し、高い水位差が保持されると、パイピング現象につながる。）
　　　（ボイリング現象　断面図）　　　　　　　　（パイピング現象　断面図）
　　図0-3　パイピング現象　概念図　（掘削断面を示す。上記両図とも左側が掘削された状態。）

バブルの湧き出しを目の当たりにし、パイピング現象には、地下ガス（バブル）が関係しており、地下工事では、地下水をコントロールするだけでなく、条件によっては、地下ガスをコントロールすることも重要な要素と考えられた。しかし、当時、その様な発想を持つ人はほとんどいなかったし、持っていたとしても、容易には解決できる問題でないと認識できた。クーンが示したように、当時は既存のパラダイムでしか、考えられず、新たな解決への発想は生まれなかった。「パイピング現象とガス（バブル）」の関係は、その時以降、常に解決すべき課題として脳裏に残り、仕事の傍ら、その関係は、先ず、認識されるべき課題と考えていた。認識させるためには、その現象を実験等で正確に捉えたのち、その現象を理論的に説明できるようにし、そして、解決の糸口を探らなければならないと考えた。

　「パイピング現象とガス（バブル）」の関係を探るべく、先ずは、「土砂の中を流れる水にガスが含まれている場合、どのような現象が生じるか」、その現象を確認するための実験等の構想を練った。実験に関しては後述する。

　2011年3月11日、東日本大震災が発生した。説明するまでもなく、現代の日本人が経験したことのない大地震である。休日等を利用して、被災地を見て回った。被災地を訪れた時は、すでに一部復旧が始まってはいたが、液状化跡の大きなクレーターが印象的だった。これまでも、クレーターを画像等で見てはいたので、なぜ、クレーターが生じるのか、疑問は持たなかった。クレーターには、地表面付近だけではあるが、地表面に対してほぼ垂直に切り立った痕跡面があった。

　その後、実験を開始し、模索・改良しながら続けた。ある時、突然、実験中にクレーターが生じた。空気を土砂下方に蓄えた実験モデルを作り、水と空気の流れを確認していた時である。少し詳しく説明すると、水が土砂中を流れ、土砂表面に流れ切り、その後、土砂下方に蓄えられていた空気が噴出し、そして、空気噴出後、極めて小規模ではあるが、土砂表面に、ほぼ垂直に切り立った側面を有するクレーターが生じたのである。水の流れだけでは生じなかったクレーターが、実験している管内の土砂の表面に再現した。写真0-1に、その状況を示す。

　再現したクレーターは、小規模ながら切り立った側面があり、これは、何を意味するのか。

　噴出孔から出ていた地下水が、急激に吸い込まれているのである。地下水が急

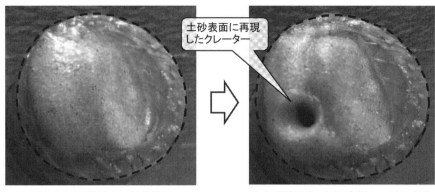

写真0-1 再現したクレーター (管〈ホース〉を上から撮影、点線が管の外径)

激に吸い込まれるとは、どのような現象なのか。仮に、噴出孔の下のある個所で、水の供給が瞬間的に遮断されても、水は噴出孔中に残り、急激な水位低下は生じないため、クレーターは生じない。遺された噴出孔の土砂側面は、緩やかな傾斜になる。最後に、地下水でなく、地下ガスが噴出する。その地下ガス噴出によって、噴出孔付近の地下水が、地盤中に吸い込まれ、そのクレーターができる。液状化の噴出孔であるクレーターは、まさしく、地下ガス(バブル)発生の痕跡であった。

以下、その検証内容を記していく。

あらすじ

液状化の共犯は地下ガス(バブル)である。これは、推理でなく、事実であり、パラダイムシフトであると考える。液状化現象の共犯は、地下ガス(バブル)であることを、先ず明らかにした。そして、理解しやすくするために、推理小説ではありえないが、パラダイムシフトの視点から、あらすじを記す。

本書は、この分野に興味を持つ方に、本主題を紹介することを目的としており、専門書でない。ただし、第五章は、専門的過ぎると反省しつつも、本書が推理でないことを明らかにするためには止むを得ないと考えている。一般の読者には、専門用語は、読み飛ばしていただき、全体を理解していただければ、幸甚である。

第一部　液状化の真相（パラダイムシフト）
第一章　既存のパラダイム：新潟地震当時の液状化現象と考え方

　「バブル共犯」の原点は、新潟地震にある。新潟市の信濃川河口付近等で液状化現象が起きたが、区域により、その被害に違いがあった。大地震による揺れが襲い、液状化しやすい砂地盤があったのも事実であるが、同じような条件で、なぜ違いが生じたか。

　当時、色々な不明点は残りながらも、「ダイラタンシーによる地下水圧の上昇」がその原因であると結論づけられ、その考えをベースに研究・検証等が進んでいった（＝既存のパラダイム）。この時から、迷宮入りしてしまったようである。

　「ダイラタンシーによる地下水圧の上昇」だけでは、激しい液状化は生じない。この地域には、地下にガス賦存という特殊条件が潜んでいた。新潟は、共犯である地下ガス（バブル）が、日本の中で最も多く潜む地域の一つである。先ず、新潟地震の特徴的現象を示し、ガスとの関連性とその当時の液状化に関する考え方等を記す。

　賦存とは、まとまった量が、天然に存在すること。
第二章　パラダイムシフトの背景：天然ガスの賦存とガス採取
　既存のパラダイムでの液状化発生の検証には、欠落した条件がある。その条件とは、天然ガスの賦存とガス田でのガス採取の影響等である。新潟市にはガスが賦存し、ガス田があり、当時ガスが採取されていた。それらの状況を記すと共に、液状化現象と地下ガス等との関連性を示す。新潟は代表的な例にすぎず、日本国中の各地に天然ガスは賦存し、深く関係していることを記す。
第三章　変則事例：地下ガス（バブル）による液状化
　液状化は日本各地で発生しており、沢山の調査・研究がなされている（＝通常科学）が、地下ガス（バブル）との関連性を示した報告は、極めて少なく、全くと言っていいほど、体系付けられていない。これまでの液状化の色々な調査等で得られた現象には、既存のパラダイムでは発生しない現象（＝変則事例）があり、それら現象を示す。また、地下ガス（バブル）による液状化の真相と再定義を記す。

　新たに、深層噴流による液状化を、「液化流動」と定義する。

第四章　類似現象と類似変則事例：液状化類似現象と変則事例

　液状化（液化流動）現象は、深い地層の影響を受けており、その深い地層を直接調査する事は容易ではない。しかし、液状化（液化流動）の類似現象が発生しており、部分的に検証できる。それらは、科学革新の証拠でもある。

　また、地震前後の地下水や海面の変化が、地震の度に報告されているが、未だ、その現象は科学的には解明されていない。地下水・海面の変動は、砂礫の噴出・長時間噴砂等と同じく、液状化に関連した類似変則事例である。その証拠と変則事例と共に、地下水観測などの課題についても記す。

第五章　通常科学の停滞と科学革新：液状化の課題と検証

　新潟地震以後、各学会で、制定された基準に基づいて、液状化を防止するための対策が、色々実施されている。その基準・対策は、大地震が発生すると、その新たな事実に基づき、必要に応じて改定を繰り返しているが、その現象の複雑さゆえに、未だ見直されるべき内容であることを認めながら、現在に至っている。液状化基準の変遷を示し、現在も指摘されている課題（＝通常科学の危機）を記す。

　地盤は、均一ではなく、粘土層等の低透水層が介在し、その透水性は単純でない。ガスの影響により、その低透水層は不透気層にもなる。課題解決には、ガスの影響が重要な要素となっている。どのように、ガスが地震時の液状化（液化流動）現象に影響を及ぼすのか、実験を通して検証し、知り得た事実「ガスの地盤透水性への影響」（＝科学革新）を記す。迷宮入り科学からの脱出でもある。

第二部　地震火災へ　（パラダイムの広がり）
第六章　ガス（バブル）の"悪戯(いたずら)"

　液状化の共犯がバブルであったことを、我々は見落としていた。また、液状化以外にも、バブル（ガス）は色々な現象（≒悪戯）を起こしている。このガスの"悪戯"の例を示すが、これらに関しては、一つ一つ確証を得ている訳ではない。したがって、誤った解釈があるかもしれないが、液状化現象及びその類似現象の理解を深めるために示す。これらは、新たなパラダイムの広がりを示している。

　この広がりは、地震火災にも影響しており、それは迷宮入りしていた科学であり、これまで想定していなかった喫緊の課題である。

第七章　地下ガスによる地震火災

　科学革新の広がりとして、追加の一事例「地下ガス（バブル）による地震火災」を、関東大震災時の大火の実態等より明らかにする。地震時に、類似の大火は、日本に限らず、外国でも多数起きていることを示す。

　迷宮入り科学の内で、筆者自身が最も重要、かつ、喫緊の課題であると考える。第五章までの液状化関連内容の理解をベースとして、その後に、第七章以降の「地下ガス（バブル）による地震火災」を理解していただきたい。

終　章　地震火災への対応

　地震火災は極めて重大な課題である。想定される一つの大きなリスクを示すと共に、対応案を示すが、スタート地点に立ったばかりであり、すべてはこれからである。

　液状化現象の理解の一助として、図０−４に、「液状化関連の歴史」を、図０−５に、「地下ガスによる事故発生概要図（通常時及び地震時）」を示す。

　なお、執筆に当たり、多くの文献を参考・引用させてもらった。それら多くの執筆者の方々に感謝申し上げる。それらは、極力原文のままとしたが、理解しにくい部分に関しては、一部現代文に修正させてもらった。ご容赦いただきたい。

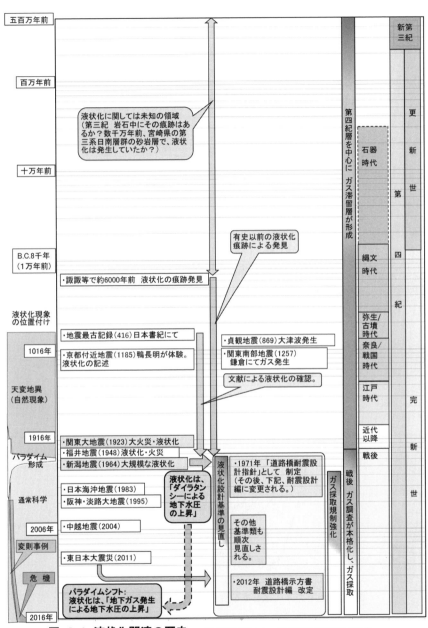

図 0-4 液状化関連の歴史 2016年を1年目とし、過去の年数を対数的に示す。

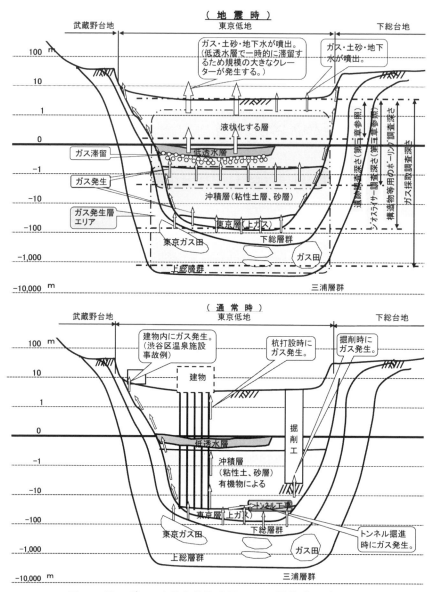

図0-5 地下ガスによる事故発生概要図 (通常時及び地震時)

第一部 液状化の真相（パラダイムシフト）

一章　新潟地震当時の液状化現象と考え方

二章　天然ガスの賦存と採取

三章　地下ガス（バブル）による液状化

四章　液状化類似現象と変則事例

五章　液状化の課題と検証

六章　ガス（バブル）の"悪戯"

七章　地下ガスによる地震火災

終章　地震火災への対応

第一章

新潟地震当時の液状化現象と考え方

あらすじより

　「バブル共犯」の原点は、新潟地震にある。新潟市の信濃川河口付近等で液状化現象が起きたが、区域により、その被害に違いがあった。大地震による揺れが襲い、液状化しやすい砂地盤があったのも事実であるが、同じような条件で、なぜ違いが生じたか。

　当時、色々な不明点は残りながらも、「ダイラタンシーによる地下水圧の上昇」がその原因であると結論づけられ、その考えをベースに研究・検証等が進んでいった（＝既存のパラダイム）。この時から、迷宮入りしてしまったようである。

　「ダイラタンシーによる地下水圧の上昇」だけでは、激しい液状化は生じない。この地域には、地下にガス賦存という特殊条件が潜んでいた。新潟は、共犯である地下ガス（バブル）が、日本の中で最も多く潜む地域の一つである。先ず、新潟地震の特徴的現象を示し、ガスとの関連性とその当時の液状化に関する考え方等を記す。

▼1.1　昭和大橋落橋の真相

　1964（昭和39）年6月16日、新潟地震が発生した。約半世紀前である。

　歴史に残る大地震であった。日本海の粟島南方沖を震源とし、震源より約60km離れた新潟市で、象徴的な液状化現象が発生した地震であった。液状化に伴う地下水や土砂噴出等の衝撃的な写真・映像が数多く残されている。我々の想像を超える威力を見せつけた。

　鉄筋コンクリート造のアパートが転倒した。また、竣工後15日で、新潟市内の信濃川に架かっていた「昭和大橋」が落橋した（図1-1 昭和大橋　落橋概要図参照）。いずれもショッキングな画像として残っている。地下水や土砂の噴出だ

けでなく、ガスも噴出していた。あの落橋は、地下ガス（バブル）により、生じたと考える。我々は、地下ガス（バブル）を見落としていた。なお、図1-1は、実際の落橋の写真より、水面下の状況を推定した図である。

（1）　調査報告①　『昭和39年新潟地震震害調査速報』
　新潟地震発生直後、調査がなされ、その速報『昭和39年新潟地震震害調査速報』（注1-1）の中で、昭和大橋の落橋に関しては、次の通り報告されている。

　第5、6橋脚（P5、P6）と6連目の桁（G6）の落下がとくに本橋の震害を象徴しているが、この両橋脚が如何なる原因で、このような破壊をしたのか、詳細な調査は未だ公開されていない。おそらく図-21（省略）のような状況になっているのであろうが、橋脚を構成する鋼管は、水底地表付近で折曲がったものと思われる。（中略）ともかく第1～4橋脚も上部構造に引きずられて曲り傾斜しており、この橋部の橋脚方向の力に対する抵抗はかなり不足していたのではないかと思われる（図1-2 昭和大橋　落橋断面図　参照）。

そして、以下のように、締めくくっている。

　一方昭和大橋地点で、河心を境として両側の被害の差はまことに対照的である。恐らく地盤の性質に根本的な相違があったのではないだろうか。今後検討すべき問題である。

　河心を境として地盤の性質に根本的な相違があると指摘している。しかし、事故直後でもあり、何が原因か判断できなかったのも事実であろう。

（2）　調査報告②　『昭和39年新潟地震震害調査報告』
　さらに、1966（昭和41）年、土木学会の『昭和39年新潟地震震害調査報告』（注1-2）の「3.2　昭和大橋」に、落橋の概要が以下の通り報告されている。地震の2年後であり、液状化が指摘されていた時期ではあるものの、その落橋に関しては、原因分析等の具体的な記載はあまりない。

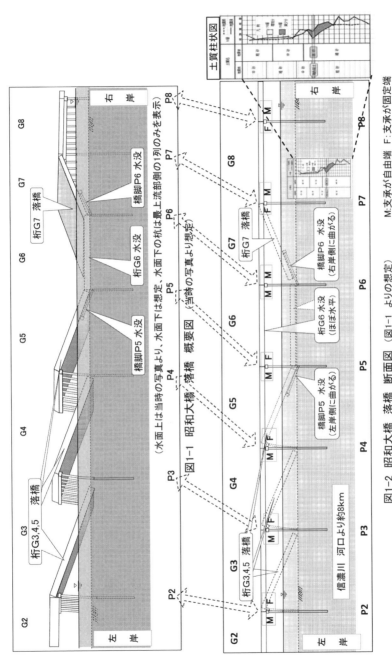

図1-1 昭和大橋 落橋 概要図
(水面上は当時の写真より、水面下は想定、水面下の杭は最上流部側の1列のみを表示)

図1-2 昭和大橋 落橋 断面図 (図1-1 よりの想定)

M:支承が自由端　F:支承が固定端

ⅰ) 下部工にあらわれた現象から推察される原因
　上層砂層の流動化現象により地盤の横抵抗がほとんど消滅して図7.37（省略）に示すような大きな変形を杭に生じたものと考えられる。この図を見ると左岸側に向っても大きな変形を生じたときがあるらしく、しかも曲げ変形の内側に局部座屈が生じている（以下省略）。

ⅱ) 2次的な要因
　上部砂層の流動化により地盤の抵抗層が下がったことが大きな原因のようであるが、たまたまＰ５、Ｐ６橋脚（埋没橋脚）を河底から取り出した結果より、次のことがわかった。すなわち、写真７、９（省略）に見るように、河底部に近い現場継手において、曲げ変形はそれほど受けていない状態で、溶接部で切断されたと見られるものが、Ｐ５、Ｐ６の橋脚について１本ずつ見られた（以下省略）。

　その他に記載があるが、「**上部砂層の流動化により地盤の抵抗層が下がったことが大きな原因のよう**」と指摘しているものの、結局、埋没したとされる橋脚Ｐ５、Ｐ６がどのようになっていたか明らかになっていない。「溶接部で切断された・・・」と一部その溶接部の不良が指摘されているが、その原因も曖昧にされたようである。当時、大きな残された課題であった。
　同報告には、当時の状況が目撃者の談話として記されている。
　以下その談話の主な点を記す。(図1-2 参照)
①橋脚Ｐ６を中心に桁Ｇ６と桁Ｇ７がＶ字形になってから、桁Ｇ６が水没し、そのあとＧ５、Ｇ４、Ｇ３の桁の順に落ちた。
②桁Ｇ６は橋脚に引っかかりながら落ちた。
③桁Ｇ６は水平に木の葉がゆきつもどりつするように落ちた。
④川の水はカルメ焼のように持ちあがった。
⑤川の中心はサボテンの柱のように高さ１ｍあまり黒い水柱がふき出していた。
⑥桁Ｇ６の落下は震動と深い関係があるように感じられたが、他の桁については、全く無関係のようであった。

（3）事故情報と想定

目撃者の談話と色々な写真等の記録から、次の２点がポイントと考える。
①橋脚Ｐ６を中心に桁Ｇ６と桁Ｇ７がＶ字形に変形したことから、先ず橋脚Ｐ６が沈下したと想定される。
②桁Ｇ６以外は、本震が終わって、地震による水平力が作用していない状態で、落下した。また、図１-１から、Ｐ５、Ｐ６以外の橋脚は、ほとんど沈下していないことが分かる。以上から、地震後に、橋脚周りの地盤に液状化が生じ、杭の水平地盤反力がなくなった状況になったと想定される。

実際どのような現象が生じていたのか、目撃者の情報等が正しいとし、現象を時系列で整理し、説明を加える。説明は要点のみとし、詳しくは後述する。ここでは、要点のみを理解してもらいたい。

現象①：杭の支持力が低下し、沈下し始めた。
説明：地震により、橋脚杭の先端付近（GLマイナス15m）の地下水中の溶存ガスが、遊離し、浮力により上昇した。橋脚Ｐ６周辺の地下水圧が上昇し、杭先端の支持力が急激に低下し、沈下し始めた。

現象②：桁Ｇ６は、ほぼ水平を保って水中に落下した。
説明：橋脚Ｐ５ないしＰ６の周辺地盤の地下水圧も上昇し、その橋脚杭の水平地盤反力が低下し、水平方向に撓みやすくなった。桁Ｇ６の両端に、固定端（F）と自由端（M）の橋脚の支承部があり、どちらが先に外れたか明確な記録はないが、その桁は、両端の橋脚からほぼ同時に外れ、ほぼ水平を保って水中に落下した。「川の水はカルメ焼のように持ちあがった」のは、河床下で、地下水圧が上昇していたことを示しており、その地下水圧の上昇が、杭の水平方向地盤反力を低下させた証拠と考える。または、地下水圧の上昇により、河床（＝地盤面）そのものが膨らんだ可能性もある。地盤面が膨らむことに関しては、後述する。

現象③：川の中心は、高さ１ｍあまり黒い水柱がふき出していた。
説明：地下水圧の上昇に伴い、河床下の地層の弱部に亀裂が入り、その亀裂から地下水が噴出し、上記にような様相で、水がふき出した。水深２～３ｍの河川内であり、河川水がなければ、想像を超える噴出高になり、間欠泉のように高く噴出したと思われる。

現象④：桁Ｇ６の両隣、桁Ｇ５、Ｇ７が落下し、左岸側桁Ｇ４・Ｇ３も落下した。
説明：桁Ｇ６の両隣、桁Ｇ５、Ｇ７は、橋脚Ｐ５、Ｐ６の杭が折れ曲がって、水没したため、落下するのは容易に理解できる。しかし、本震が終わり、水平方向への地震力は、ほぼゼロになった状態で、桁Ｇ４、Ｇ３が落下している。これは、通常であれば、考えられない。

今回のケースでは、深い地層で発生したガスが、時間をかけて上昇し、桁Ｇ３・Ｇ４を支持していた橋脚Ｐ３、４の杭の周囲の地下水圧を大きくしたため、その杭の水平方向地盤反力が、本震後にも関わらず、急激に低下したことにより、杭が水平方向に変形し、桁の支承部が橋脚上端から外れ、落下したと考える。

現象⑤：残った右岸側の桁は落下しなかった。
説明：右岸側橋脚杭の水平方向地盤反力の低下が少なかったためであろう。当時、新潟市街地は、別途記載する通り、「ガス採取規制」がかけられていた。しかし、左岸側が、全層排水停止規制であったのに対し、右岸側は、層別のガス採取規制であり、ガス採取が続けられていた。したがって、右岸側の地下水中のガス量は地震発生当時、少なくなっていた。つまり、地震の振動によるガス発生が少なかったため、その周辺の地盤では、液状化が生じなかったか、あるいは、生じたとしてもわずかな液状化しか生じなかったと考える。

▼1.2　地下ガス（バブル）の影響

（１）　新潟日報の記事
興味深い記事が多々ある。以下、紹介する。
（ａ）1964（昭和39）年７月３日（震災17日後）、「新潟地震　橋はなぜ落ちたか？」
大学教授が招かれ、現地診断をした内容である。

信濃川をはさんで東西に広がる新潟市は、信濃川にかかる橋で市民生活の循環機能を保っている。これらの橋は、いわば新潟市の大動脈でもある。この橋の被害がひどかった。四つの永久橋のうち、無傷だったのは最も上流の帝石橋だけ。さすがに万代橋は取り付け道路の修理だけですみ"橋の王者"の貫禄を示したものの、国体に備えてかけ替えた昭和大橋は無残にも落ちてしまった。最新技術の

粋を集めたはずの昭和大橋はどうして落ち、なぜいくつもの橋に大きな被害が生じたのか？（以下省略）

橋梁に関する状況等が記載され、以下のようなことがコメントがある。

「昭和大橋の橋脚の地盤が、割れたり、陥没したり・・・という現象が、あるいはあそこだけ起きたのかもしれないし、起きなかったのかもしれない。それはまだわからない問題で、責任の持てない推測は慎みたい。それより橋それ自体の構造の中に、やはり問題とすべき点があるのだから・・・」

つまり、「地盤が割れたり、陥没したり・・・」と言及しながら、「橋それ自体の構造に、やはり問題とすべき点があるのだから・・・」とし、地震直後、その原因に関しては、明確になっていなかったようである。

（b）1964（昭和39）年7月12日（震災26日後）
「液化現象を起こす　世界でも初貴重な教訓に」
　大学教授らが、昭和大橋はじめ土木施設を視察し、「**新潟地震は、これまで世界で考えたこともない特殊なもので、土木工法上からも学会に大きな教訓と反省をもたらしている**」と語っている。当時としては液状化は、世界でも特殊な未解明な現象と認識されていた。
　また、地震直後でもあり、「**原因は地盤にあると思う**」と発表され、それに基づき、液状化の原因が地盤となり、その後、後述のように「**特殊なもの＝ダイラタンシーによる地下水圧の上昇**」との観点から解明が始まり、その面では大きく進歩した。しかし、「**特殊なもの＝地下ガス発生による地下水圧の上昇**」との観点から、解明しようとする姿勢が欠けてしまった。

（c）**特集（新潟日報）より**
1964（昭和39）年6月23日（震災7日後）「**震災復興　ずばり一言**」
　当時、地震被害が大きかった原因として、本主題と逆の"ガス採取犯人説"があり、その説が新聞等で取り上げられた。それに対する、北陸ガス社長の見解で

ある。

　地震による被害の大きかった原因について"ガス採取犯人説"が一部に聞かれるが、私は絶対にそんなことはないと確信している。その証拠に、被害の大きかったところは信濃川沿岸の埋立地が中心になっている。関根の浜でうちの社もガスを取っているが、ここはびくともしなかった。

　貴重な考えであるが、その後、この見解が大きく取り上げられることは、ほとんどなく、"ガス採取犯人説"に対して、全く逆、つまり"ガス採取液状化対策"説を説く人はいたが、理解されず、広まらなかったようである。

（2）　天然ガスとその影響

　新潟市内は、前述の通り激しい液状化現象が発生した。一般には、信濃川が作った砂地盤で、地下水位が高い場所で生じたとされている。液状化被害図は多数公表されており、その中の一つが、「新潟市の地盤地質と新潟地震による被害」（注1-3）の「新潟市街被害分布図」（図1-3-1で、その概要図を示す）である。この図から、信濃川を挟んで概ねその両側の、河口から約6～7kmまでの範囲で液状化が発生したことが読み取れる。

　一方、新潟市での天然ガス採取地域は、土質工学会の「特集　新潟地震速報」（注1-4）の「新潟市とその周辺の天然ガス採取地域および主要パイプライン図」（図1-3-2で、その概要図を示す）に、具体的に掲載されている。市の周辺地域で天然ガスが採取されていたのに対し、市の中心部ではガス採取が行われていなかったことが分かる。

　天然ガス鉱業会の『水溶性天然ガス総覧』（注1-5）の「新潟ガス田水溶性天然ガス採取規制一覧図」（図1-3-3で、その概要図を示す）から、当時のガス規制区域を確認することができる。水溶性ガスは、地下水に含まれており、その地下水を排水し、衝撃等を与え、水とガスを分離することにより、ガスを採取することができ、ガス採取と地下水排水と地盤沈下は、各々関連性がある。水溶性ガス規制区域（市の中心地域）の内、A地域では、新潟地震前に生じていた地盤沈下を止めるために、ガス採取のための排水停止規制がなされていた。ガス採取とその

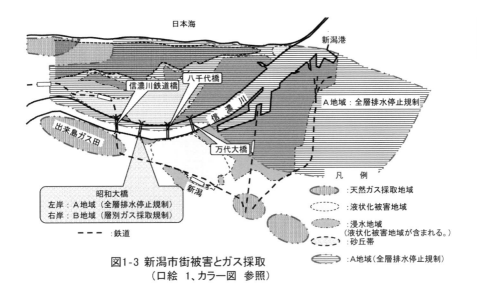

図1-3 新潟市街被害とガス採取
（口絵 1、カラー図 参照）

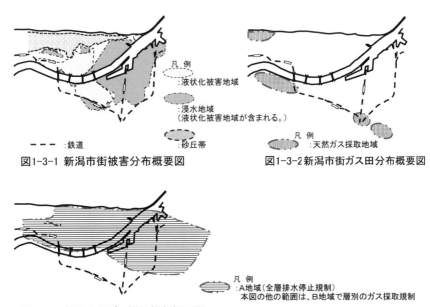

図1-3-1 新潟市街被害分布概要図　　　図1-3-2 新潟市街ガス田分布概要図

図1-3-3 新潟市街ガス採取規制概要図

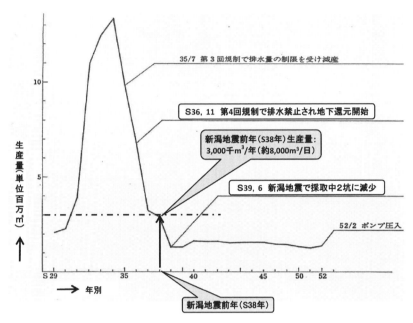

図1-4 天然ガス生産量の推移（出来島）（一部 筆者が加筆）

規制に関しては第二章に詳しく記す。

「図1-3 新潟市街被害とガス採取」に、上記3枚の図面を重ね合わせた。この図から、ガス田範囲及びその近傍では、液状化被害が生じていない事が分かる。

昭和大橋に隣接した「出来島ガス田」の概要が、『水溶性天然ガス総覧』に記され、また、そこには「天然ガス生産量の推移（出来島）」（図1-4）も記されている。それによると、最大生産量は1960（昭和35）年で約13,000千m³/年、その後、規制強化により、地震前の1963（昭和38）年に約3,000千m³/年となり、生産量は明らかに低下、つまり、日当たり換算で、最大35千m³/日（昭和35年頃）が、8千m³/日（地震当時）に減産されていたもののガス採取は続けられていたことが分かる。

液状化の最も象徴的な場所の一つである昭和大橋の左岸側は全層の排水停止規制区域であり、ガス採取は行われおらず、一方、右岸側では、地震当時、8千m³/日程度ガス採取が続けられていた。このガス採取の違いが、液状化現象の発

44

生の違いとなって現れたと考える。

参考1-1：〈出来島ガス田と採取規制〉
　上記『水溶性天然ガス総覧』に記された、出来島ガス田の概要は次の通り。

1、鉱山の位置および規模
　当鉱山は、新潟市の市街地を二分して流れる信濃川の河口より約7.5km上流の右岸に位置する、日本軽金属株式会社新潟工場周辺を鉱区とする小規模な鉱山である。

2、沿革
　昭和15年アルミニュウム精錬工場の建設にあたり、冷却用水井戸の掘削を行ったところ予期しない天然ガスが噴出し第1号井として利用し始めたのに遡る。

〈規制について〉
　昭和34年2月の第一回業界自主規制から昭和48年4月の第6回におよぶたびかさなる規制、勧告が出され、当鉱山も昭和36年11月、第4回規制の規制条項に基づき（中略）、その結果採取井が半減することになった。

　出来島ガス田は、鉱区面積約91haで、市街地縁端から5km以内の位置（図1-3参照：A地域を市街地とし、その縁端からの距離で、規制が定められている）にあり、市街地地域としての対象にはならず、B地区と認定され、採取に制限が加えられたものの、以下の通り、採取し続けていた。

　第3回自主規制（S35,7）では、G5以浅の揚水が規制され、また、第4回の通産省勧告規制（S36,11）では、G6以浅の排水停止となった。G5、G6は地層の種類を示し、ガス採取深さは、規制が厳しくなるたびに深くなり、新潟地震の発生当時（S39）は、同資料によると、深さ約600～800mの安定した地層から、ガスが採取されていた。

（3）　ガス田との関係

　新潟地震時に液状化現象を具体的に示すデータは、多くはないが、工学的に興

味深い記事が、「特集：恐怖の６月16日　揺らぐ大地に追われて」の見出しで、地元紙、新潟日報に連載された。新潟市内で、長時間、大量の地下水噴出等を伴う、特徴的な液状化が多数発生したことが分かる。

　また、新潟市内以外でも、特徴的な液状化が生じていた記事が掲載されている。「６月26日＝地震被害のひどい長岡市李崎＝一部の田を犠牲に　用水は分断、土砂堆積」と題された記事である。

　　長岡市は川西地区、黒条地区などを筆頭に各地の田畑が新潟地震の被害を受けたが、信濃川に近い李崎町の被害（中略）は、とくにひどく、農業用水がズタズタに寸断されたため、田に水が引けないところや、田面のキ裂から吹き上げた土砂の堆積などがあり、部落民は懸命に復旧を急いでいるものの、このままではことしの作を投げなければならない田んぼが出ているそうだという。

　長岡市は、新潟市から約60km離れ、震源からの距離は約120kmであるが、新潟市と同じようにガス田があり、そのガス田は日本有数の規模を有し、新潟地震の時だけでなく、江戸時代の越後三条地震、平成の中越地震等でも類似の液状化被害が生じている。また、この李崎地区は、後に記す『日本油田・ガス田分布図（旧通商産業省　地質調査所）』に記載されている「長岡産油・産ガス地帯」の「藤川ガス田」に位置している。激しい液状化は、ガス田で生じているようである。

> **参考1-2：〈越後三条地震より〉**
> 『大地震　古記録に学ぶ（宇佐美龍夫）』（注1-6）には、興味深い液状化に関する内容があり、抜粋する。
> 　新潟地震の液状化現象の実態を記した後、「いったい、こういう液状化現象は、この地震が初めてなのだろうか」と述べて、以下のように、記されている。
>
> 　　よく調べてみると、小規模な液状化現象は多い。沖積地に地震があれば、田の割れ目から水や砂が吹き出し、小墳丘を作る例は枚挙にいとまがない。しかし、鉄筋コンクリート造りに被害を与えたのは初めてであった。江戸時

代の地震をさがすと、一つ、かなり大規模な液状化現象があったとみられる地震がある。越後三条地震である。

　地震に伴う顕著な異常現象が記されているが、その中で、代表例の1つが井戸の異常である。

　脇川新田の幸蔵という者の家の前に深さ約三間（一間が約1.8m、三間は約5.4m）の井戸があった。ふだん下男下女が水を汲むと、そのあとは汲み桶を井戸におろし、それにつけてある綱のはしを井戸枠に結びつけておく習慣であった。地震のとき、この汲み桶が、井戸の中に人がいて投げ上げたように、井戸枠の上　三～四尺（一尺は約30cm、三～四尺は約90～120cm）の高さにとび上って、落ちるや否や井戸水が湧き上り、枠を越え、そのために汲み桶も流れ出し、縄の長さ一杯にのびきるまで流れ出した。主人の幸蔵が、翌朝、井戸の所に行ってみると、湧き出した白砂があたりに一杯で、井戸をのぞくと、水位はもと通りになっている。石を投げこんでみると、水底までの深さは地震前より深くなったようで、その上、水の味も前よりよくなったということである。

　なぜ、このような現象が生じたのか、これまで説明がなされていない。この脇川新田地区は、前記「李崎地区」に隣接しており、同じく「藤川ガス田」に位置している。
　また、川の水面の異常に関しても記されている。

　この地方の大小の川は地震の時に水が減った。そのとき船をこいでいた船頭は、地震とは気付かず、河の水が逆立つのであわてたという。それもしばらくの間で終わったので、船が破損するということはなかった。徳松という猟夫は、地震のとき、川の中で波が立ち上がること五～六尺（約1.5～1.8m）あるいは一丈（約3m）に達し、岸は引き潮のように見え、数町（1町は約110m、従って数百m）にわたって陸になったのを見たという。液状化現象による噴水が川の中にも見られたのであろう。岸が陸になったというのは、

土地の隆起か、液状化現象で噴出した砂が積もったかの、どちらかであろう。
　果たして、「土地の隆起か」、「液状化現象で噴出した砂が積もったか」だけであろうか。否定はしないが、もう一つ考えられる。この原因も地下ガス発生と考える。上記二つの異常に関しては、第三章及び第四章で詳しくその想定状況を説明する。

▼1.3　新潟地震における液状化の解釈
（1）　地震直後の有識者の判断
　新潟地震が発生した年の8月（1964年）、速報として報告されている。まず、「新潟地震と土質工学の課題（土と基礎）」（注1-7）と題して、当時の学会会長が報告している。

　今度の地震の場合飽和した砂地盤に流動化が起こった事はわれわれの既知の知識から考えてそれほど不思議とは思われないことである。（中略）この事を報告しなかったか、それは実際の地震に際して実験室において起こるような現象が起こるかどうか疑問を持っていたからである。つまり流動化を生ぜしめるような加速度を持った振動がそれほど長く続くとは思われなかったし、常識的に砂よりもずっと危険と感ぜられた粘土層が存外振動に鈍感であったからなどのためであった。このことは確かに誤算であったと思う。（中略）
　新潟を視察した人達の語るところによると、砂地盤必ずしも流動化を起こしておらず、信濃川の旧川筋に当たる所にこの種の被害が多かったということは一致している（以下省略）。

　「砂地盤必ずしも流動化を起こしておらず」とは、地震後1ヶ月では、まだ、液状化に対する考え方そのものが、流動的であったように思える。

（2）　液状化の解釈
　地震後約1年の1965（昭和40）年7月、新潟地震に関して「地盤震害委員会のうごき―その後の新潟地震対策―（土と基礎）」（注1-8）で報告されている。

ゆるい砂層の地盤が地震動によって、流動化現象を起こし、この上に造られた土構造物を含めて、各種の構造物が沈下、傾動、転倒の被害をうけたのが震害の真相である。

　地震直後は「地盤の性質に根本的な相違があったのではないだろうか」と提案されていたが、ここでは、原因が特定できたかのようになった。この報告には、以前からの流れが示されており、ポイントは以下の通り。

　確かに、昨年の地震によって受けた新潟市の被害の様想は他の地域における震害と比べて特異な点があったといえよう。しかし、決してはじめて見られた現象ではなく、古くは130年前の天保4年の大地震の時にも、また約70年前の酒田地震の際にも、新潟市内において、今日でいう噴砂、流砂現象が認められたことが記録にとどめられている。
　けれど土質に関する知識の進んでいなかったその当時としては、当然、地震にともなって発生する自然現象であると考えられたであろうし、またその後各地で地震が発生していても、こうした現象が見られたのは特殊な地域であるため、一般にはあまり関心をもたれることなく見すごされてきたのである。(以下省略)

　さらに

　土の動的性質に関する問題には早くから関心をもち、1960年には「土の動的性質に関する委員会」を設け、地震時における土の諸問題を含めて、土の動的挙動の研究に着手していた。

　液状化現象は、緩く堆積された砂の噴砂に着目した土の動的挙動による現象と捉えられ、今日までその基本的考えが固定してしまったようである。クーンが示す既存のパラダイムの形成である。一部の関係者等から、「ガス採取区域では、液状化は生じていない」との指摘はあったが、地下ガスが液状化に影響するとの考えは、ほとんど取り上げられることはなく、その原因は解明されたと判断され、今日に至っている。

▼1.4 液状化現象の特殊性

新潟地震で生じた液状化現象は、砂地盤等において土砂噴出等が生じ、特にクローズアップされてきたが、それ以外にも、特殊な現象が生じていた。それらの現象を理解する事により、ガスとの関連性がより明らかになる。ここでは、あまり着目されなかった現象を記す。

（1） 地下水の吸い込み

新潟地震発生後3年、1967（昭和42）年興味深い、次の報告がある。
「新潟地震にさいしての福島会津地方に発生した災害と地質（土と基礎）」（注1-9）の「6．地震による耕作の被害」に、地下水の吸い込みが記されている。

地割れは、目撃者によれば、地震の振動時に生じ、割れ目からは、砂を含んだ地下水が噴きあげた。地震がおさまった直後に、噴きだした地下水は、ふたたび地下に吸いこまれ、砂が残って耕地にたまったという。

この地下水の吸い込みの現象も地下ガス発生が原因であると考える。これは、深層噴流の逆の現象である「逆噴流」が生じていると考える。

新たな用語の定義2：逆噴流

深層噴流と共に、液状化に関係する新たな概念であり、ここでは、次のように定義する。

深層噴流中に、地下ガスが圧力差だけでなく、浮力の影響を受け、急激に噴出する。噴出が浮力により発生すると、噴出後、地下ガスが滞留していた範囲の圧力が周辺に比べ、一時的に、低くなる。その圧力差により、その範囲に、周辺から地下水及び土砂が流入する。地表からも、その範囲に向かって、吸い込まれるように、流れ込む現象が生じる。この流れが、逆噴流である。

地質に関しては、以下の記載はあるが、ガス賦存等の記載はなく、この地下に吸い込まれた事に関する考察はない。

会津盆地の盆地面には、広範に第四紀層が発達しており、盆地中央部では、第四紀層の層厚が200mに達するものと推定される。盆地を構成する第四紀層は、柱状図にみられるように、レキ、砂、粘土などの互層からなり、泥炭、泥炭質粘土、褐鉄鉱などをはさんでいる。盆地の北部や南部では、砂レキ層が多くなっている。

　この地域は泥炭を含む地層であり、後に記す『日本油田・ガス田分布図』によれば、「推定・予想産油・産ガス地帯」に分類されている。以下の現象が生じたと考える。
①地震の振動によって地下ガスが発生し、地下水や土砂が、「地下ガス発生による地下水圧の上昇」によって、押し出されて地表面に噴出する。
②地下水や土砂が噴出し、地下ガスも地表面に向かって上昇する。
③地下ガスの上昇に伴い、地下水や土砂で満たされていた噴出孔等が、ガスに置き換わる。
④ガスの地上放出に前後して、噴出孔内等は圧力の低いガスのみとなり、地上及びその噴出孔周辺にあった地下水及び土砂が、逆流するように、地下に吸い込まれる。最後に、クレーターができ、液状化の痕跡として残る。
　ガスが大量に地下に賦存する地域では、容易に生じる現象であろう。

（２）　砂礫の噴出
　さらに噴出物に関しても、同報告に、以下の記載がある。

　地震時に、割れ目は、多少とも砂などを噴出しているが、写真-5（省略）は、量としては大量の噴砂に属する。噴砂は、中～粗粒の砂を主とするが、細レキや中レキおよび中・細レキ程度の大きさの粘土塊などを含んでいる。
　この付近のチュウ積層は、柱状図から推定すると、上部に厚さ数メートルの砂・砂レキ層があり、その下位に厚さ10m内外の粘土を主とする地層の発達がみられる。噴出物の状況からみて、おそらく、上部数メートルの範囲の砂・砂レキが噴きだしたとみられよう。

　新潟地震において、会津地方は、震度４で、細礫（細レキ）や中礫（中レキ）

が噴出した。細礫や中礫は、「地下ガス発生による地下水圧の上昇」によって、噴出したと考える。砂礫の噴出は、次の「粘土層の"悪戯"」が深く関わっている。

(3) 粘土層の"悪戯"
(a) 土質柱状図の比較

新潟地震時の昭和大橋の土質柱状図（図1-2）を再度確認する。

最初に落橋した橋桁Ｇ６付近の柱状図には、地震前に、「ＧＬマイナス15m付近に、Ｎ値10程度の粘土（褐色粘土と表記）」が確認されている。その粘土層の深さは、杭先端位置に相当する。（正確には、落下した桁がＧ６で、水没した橋脚がＰ５、Ｐ６に対して、その柱状図の位置は、Ｐ７付近である。）

> **用語の説明：N値**
>
> 　地盤の固さを示す値。ボーリング時、一定条件のハンマーを落下させて、土中に打ち込むのに要する打撃回数をＮ値という。この値が大きくなるほど地層は一般的に硬い。地盤評価等に、広く用いられている指標の一つである。

地震前後の柱状図の比較が、土木学会の『昭和39年新潟地震震害調査報告』（前出、注1-2）の「３．２昭和大橋」に掲載されている。「図1-5昭和大橋地質調査図」がその比較図の抜粋である。

地震後の調査では、このＮ値10以下の粘土層は記録上は確認されなかった。つまり消滅したのか？　調査位置がズレた可能性もあるが、ここでは、ほぼ同じ位置であると考え、またズレたとしても、地盤に大きな差異はないと想定し、地震の事前と事後の調査結果の内杭先端付近の地層を比較する。

ＧＬマイナス15m付近の粘土層は消滅し、Ｎ値10以下が、20以上の細砂となっている。直上の中砂層（GLマイナス12～13m）のＮ値は、事前では20以上（最大27）あったが、事後では20以下となり、小さくなっている。このように深い位置では、一般的にＮ値が減少することはない。しかし、明らかに小さくなっている。これは、次のような仮説が考えられる。

「液状化現象が生じた際、粘土層が破壊され、上部の中砂層と混じりあい、結果として、下部の粘土層は砂混じりとなり、Ｎ値が大きくなり、上部の中砂層の

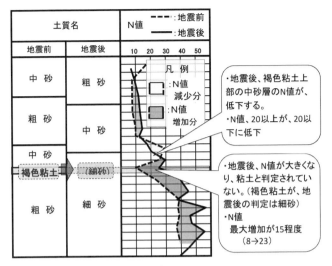

図1-5 昭和大橋地質調査図 (P7付近の比較)

N値が低下した」

なぜこのような現象が生じたか？「GLマイナス15m付近のN値10以下の粘土」が、次のように"悪戯"をしたと考える。

地震の振動により、より深い位置で地下ガスが発生した。上昇中、この粘土層（＝低透水層）は、「その下にガスを一時的に滞留させ、その後、圧力が高まり、滞留した層の圧力差が限界に達した時、ガスを急激に流れ出させる」"悪戯"をした。その流れに伴って地下水・土砂が深層噴流となり、液状化現象が発生した。その結果、粘土層は、下層の細砂とも混じり、細砂層となり（粘土層としては消滅し）、その上の中砂層は粘土と混じりあい、N値が小さくなった。

（b）地質（土地）分類

これまで、新潟地震で液状化が生じた範囲は、砂地盤であると認識されていた。しかし、粘土を含む地盤と判断することもできる。

ⅰ）『土地分類基本調査　新潟（5万分の1）国土調査』（注1-10）によれば、新潟市で液状化現象が生じた範囲は、日本海側付近を除いて、ほとんどがsm（泥・砂）と判定されている。

ⅱ) 1966（昭和41）年の土木学会の『昭和39年新潟地震震害調査報告』（前出、注1-2）でも、「4、浅層土の土質（新潟市周辺）4，1成層状態」で以下の通り記されている。

　新潟市の浅層地盤は最上層には砂がたい積し、その下には粘性土の層が存在する。この粘土層の上限は（地表より）マイナス40ｍ程度である。この表層の砂層は一様なものではなく、ところどころシルトや粘土の薄層をはさんでおり、粒度分布や力学的性質も場所によってかなりの差異がある。（以下省略）

　液状化が生じた範囲の土質は、単純な砂層でなく、ほとんどが粘土層を挟んでいる。新潟地震当時、データが少ない中、「液状化問題＝砂層の問題」と考えられ、かつ、その後多様な現象が生じたにもかかわらず、見直されることがこれまでなかった。
　新潟地震は、液状化現象を捉え、耐震性等の向上に貢献し、液状化の原点とも言われる。しかし、それとは、逆に、「ダイラタンシーによる地下水圧の上昇」を原因とし、もう一つの「地下ガス発生」という事実を見落とし、課題（＝変則事例）を残してしまったようである。

参考1-3：〈リスボン大地震と液状化〉

　1755年11月1日、ポルトガルの首都リスボン付近を震源とした、マグニチュード約8.7（想定）の大地震が発生した。
　この地震はヨーロッパに衝撃を与えるとともに、フランスの哲学者であるヴォルテール等によって、長く後世に知られるようになり、思想的にも大きな影響を残した。当時、ポルトガル古文書館の史官ジョアキム・ジョビフ・モレイラ・デ・メンドーサが、「世界地震史—リスボン大地震」（注1-11）を著し、永冶日出雄氏が翻訳している。その中で次の解説がされている。

　　版画に描かれるのは、強震によってほとんど無傷であった人たちと石造りの建物が、地中に沈んでいく様相である。このとき地盤がなかば液化しているように見える。

図1-6が、その版画「絵図　リスボン大地震の惨禍」である。まさしく、液状化した地盤で、建物自体は無傷で、沈下し傾いている様子が、新潟地震で、傾いて倒れたアパートと同じように、描かれている。古くから、日本だけでなく、液状化現象が生じていたことが分かる。

地盤が液状化し、沈下し、傾斜した建物

分かりやすくするために筆者が着色し、点線等を加筆。

図1-6　リスボン大地震の惨禍
（口絵　2、カラー図　参照）

第二章

天然ガスの賦存と採取

あらすじより

　既存のパラダイムでの液状化発生の検証には、欠落した条件がある。その条件とは、天然ガスの賦存とガス田でのガス採取の影響等である。新潟市にはガスが賦存し、ガス田があり、当時ガスが採取されていた。それらの状況を記すと共に、液状化現象と地下ガス等との関連性を示す。新潟は代表的な例にすぎず、日本国中の各地に天然ガスは賦存し、深く関係していることを記す。

▼2.1　天然ガス

　ガスは生活の中に浸透しており、重要な生活基盤の一つである。多くは輸入されているが、国内では、新潟県、北海道、千葉県、秋田県など主に平野部で生産されている。

　時々、都市部でもガスに関連したトラブルが発生する。最近では、2007（平成19）年6月に、渋谷区の温泉施設でのガス爆発で、3名死亡する事故があった。それ以降、事故防止のため、ガスに対する規制が、以前に比べ厳しくなった。

　日本の地下には、このガスが潜んでいる。そして、渋谷の事故のように、時々人に被害が及んでいる。通常、管理さえ十分行っていれば、この種の事故はほとんど防げる。しかし、時として、我々が予想していなかったような事故を起こす。その一例が、液状化現象であり、この発生メカニズムは、未だ解明されていないが、地下ガスが影響していると考える。

　液状化現象の解明の前に、先ず、この天然ガスの賦存状況を理解しておくことが不可欠である。

（1）　日本における天然ガス

（a）天然ガスの分類

　天然ガスは、構造性天然ガスと水溶性天然ガスに分類され、各々に関して、「天然ガス鉱業会」の資料に以下の通り記されている。

・構造性天然ガス：

　構造性天然ガスとは、有機物が地中で変化していく中で、背斜構造や断層などの地質構造の下で、粘土等の不浸透層が帽岩（キャップロック）となって捕われて貯留されたものです。（中略）水溶性天然ガスに比べると、深いところにあり、通常、3,000～5,000m程度の深さの地層から採取しています。

　地域的には、主に新潟県、北海道、秋田県などで鉱山が稼働中です。

・水溶性天然ガス：

　水溶性天然ガスとは、地層中の地下水に溶解して存在する天然ガスのことです。（中略）地下水を汲み上げると地上でガスが放出されることから、水に溶解しているように見えるため、水溶性の名がついています。通常、1,000～2,000m程度の深さの地層から採取しています。

　地域的には、千葉県、新潟県、宮崎県、沖縄県等に分布しており、特に、千葉県、新潟県の生産量が多くなっています。

　水溶性ガスは、地下水中に含まれ、振動・衝撃等によって地中に発生し、特に液状化現象に関わっていると考える。

（b）水溶性天然ガスの分布

　天然ガスの分布は、色々な資料で紹介されている。もっとも代表的なものが、旧通産省地質調査所より、1976（昭和51）年に発行されている『日本油田・ガス田分布図』（図2-1）である。しかし、これは、ガス田としての操業可能性の観点から作成されたものであり、そのガス賦存量が少ないと想定される地域は、ガス田に分類されていない。

　『日本油田・ガス田分布図』は、下記 ii）、iii）等の古くからの数多くの調査結果に基づいて作成されている。また、下記 iv）の調査結果より、ガス賦存量

に違いはあるが、日本の各地域に少なからず、ガスは賦存しており、特に、人が住んでいる平野部には、ほとんど賦存していることが分かる。なお、図2-1には、本書で取り上げた「液状化関連内容とその位置図」を付記する。

ⅰ)『日本油田・ガス田分布図』

油田・ガス田地域として、先ず以下の4つに分類され記されている。

  ・油田
  ・ガス田（可燃性天然ガス）
  ・ガス田（炭田ガス）
  ・ガス田（炭酸ガス）

そして、上記以外の地域のうち陸域は、以下の4つに分類されている。

  ・推定・予想産油・産ガス地帯
  ・新生代堆積物で覆われた地帯（炭化水素鉱床の期待できない地域）
  ・火成砕屑岩地帯（炭化水素鉱床の期待できない地域）
  ・基盤地帯（炭化水素鉱床の期待できない地域）

前記4つの「油田・ガス田地域」および「推定・予想産油・産ガス地帯」に、ガスが賦存しているように読み取れるが、その他の地域においてもガスが発生する可能性はある。

ⅱ)「本邦第四紀天然ガス鉱床の地球化学　第1報　総論（地質調査所月報）」

（注2-1）（1952〈昭和27〉年発行）

「5、第四紀ガス鉱床の調査地域分布」で、以下のように記されている。

　本邦の共水性（≒水溶性）**可燃性天然ガスの分布については**（中略）**の報告がある。そのなかで、現在まで比較的よく調査された地域は、第四紀ガス鉱床に関しては第1図**（第四紀天然ガス鉱床調査位置図〈図2-2〉）**に示される地区であって、北から順次第1表**（省略）**に表示してみよう。**

　図2-2に示された「第四紀天然ガス鉱床調査位置図」に、約20年後、地質調査所より発行された上記『日本油田・ガス田分布図』は、類似しており、同分布図作成に当たっては、この位置図がベースになった事が推測できる。また、この総論の第1表には、合計27の調査地点の一覧が示されており、それらは昭和10

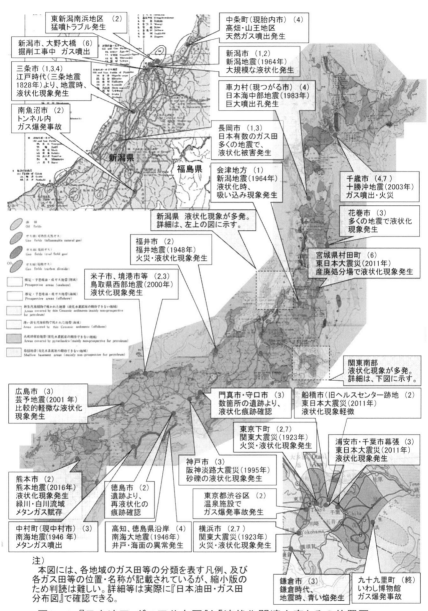

図2-1 『日本油田・ガス田分布図』と「液状化関連内容とその位置図」
（ ）内の数字等は章を示す。
（口絵 3、カラー図 参照）

図2-2 第四紀天然ガス鉱床調査位置図

〜20年代の調査結果であり、さらに、巻末には過去の参考文献として、合計38が記載されており、膨大なデータにより作成されたことを知ることができる。その詳細は、本書では割愛するが、『日本油田・ガス田分布図』と対比し、差異が認められる主な地域は、石川県、福井県、島根県等の沖積平野である。

ⅲ)「日本の天然ガス資源とその開発」(注2-2)(1957〈昭和32〉年発行)

その要旨で、以下の通り記されている。

本報は殆んど日本全国に亘って産出する天然ガスの地質学的産出状況、埋蔵量、ガスの品質開発利用の現状などについて詳細に述べている。

この報告も、ガス事故対策の調査等に役に立つとしても、あくまでも、その調査目的は、上記『日本油田・ガス田分布図』同様、ガス田としての操業可能性であり、産業の発展に寄与することである。そして、各地域の各説の前に、以下の記載がある。

61

この種（水溶性ガス）のガスは還元環境下で地質時代に地層が沈積した当時沈積物中にとりこまれた動植物の遺骸から主として生化学的に生成されたメタンガスがその溶存水とともに地層中に保有されたものであると考えられるが、もちろん地層の沈積およびガスの生成という当初から現在に至るまで生成された地層やその中に含まれた地層水およびガスは続成的に変化を続け、保有の好条件に恵まれ続けているところでは現在もなおガスの生成さえにも好条件にあると思われる節もある。
　一方、条件に恵まれないところは一度生成されたガスも拡散逸去（いっきょ：意味は［逃げ去ること］）してしまってその片痕だに止めていないところもある。
　このように逸散現象をガス鉱床の破壊と呼ぶならば現在みられるガス鉱床は生成以来続成的に破壊をまぬがれたところに成立しているといえるのである。従ってガスはその質と量の面を通じてこれを溶存する地層水と物理的および化学的の平衡を保っていることが当然期待され、事実が又概してそのとおりであって、これがこの種の鉱床の特徴であり、この様な特徴的な現象をガス田毎に把握することによってガス鉱床の探査が技術的に可能であり、また開発もその知識を応用することによって技術的にすなわち最も経済的に行われうるのである。

　この報告により、ガスが堆積している地層が、どのような地層であるかを基本的に理解することができる。しかし、生成される条件があっても、全ての層において賦存されているわけではなく、逸散してしまっている層もあり、各々の地層を確認しなければ分からないのである。
　この報告には、県別の詳しい記載はあるが、図面による説明はない。液状化現象に関連する内容を以下に記す。その関連に関しては、各々後述する。

①岩手県
　花巻市内からもガスの兆候が知られているが大した期待はかけられないようである。
②福井県
　九頭竜川の氾濫原を形成する第四紀層沖積層はその一部に水溶性ガスを含むが、ガス田としての規模が小さいようである。

関西、九州（熊本平野、緑川・白川流域を含む）には、ガス賦存に関する記述は多々あるが、四国に関しては記述がない。

ⅳ）『水溶性天然ガス総覧』の
「1、日本および世界における水溶性天然ガスの分布と鉱床」
「1.2日本の水溶性ガス」に、「日本における水溶性ガス鉱床のおよその分布範囲」（図2-3、下記第1a、b図）が掲載されており、ガスの分布範囲に関し、以下の通り記されている。

日本における水溶性ガスの分布範囲は、第四系（第四紀）**および新第三系**（新第三紀）**が厚く発達しているところと考えられる。**（中略）**第1a、b図はこのような見方から求めた日本における水溶性ガス鉱床の分布範囲である。**

この図では、『日本油田・ガス田分布図』に比べ、かなり広範囲を水溶性ガス鉱床として判定している。『日本油田・ガス田分布図』で示した「新生代堆積物で覆われた地帯（炭化水素鉱床の期待できない地域）」のほとんどを水溶性ガス地

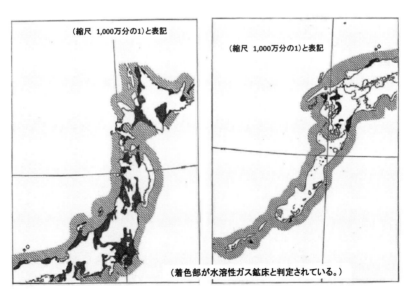

図2-3 日本における水溶性ガス鉱床のおよその分布範囲（第1a、b図）

域としている。その理由は、この頃から「第四系（第四紀）および新第三系（新第三紀）が厚く発達したところ」に水溶性ガスが賦存していると判定されるようになったためであり、人が住んでいる低地には、ほとんど賦存していることが分かる。

ただし、四国及び中国地方（日本海側を除く）の沖積層の範囲は、この分布図では、水溶性ガス鉱床と判定されていない。例えば、徳島市等は沖積低地であるが、上記4つの報告書では、ガス賦存地域とされていない。後述するが、この地域では、液状化現象が遺跡等で発見されている。つまり、この地域のように、沖積層であること、液状化が生じていたことを考慮すれば、最終的には地質調査等の結果に従うべき課題であるものの、水溶性ガスが賦存する可能性が高い地域が、他にもあると考える。

（2） 爆発事故と規制対象地域及び液状化予測地域の見直しの必要性

2007（平成19）年6月渋谷区温泉施設での地下ガス爆発事故以降、安全確保のため、安全規制対象地域が設定され、規制等が厳しくなった。規制対象地域における、地下ガス事故の発生状況とその地域でのガス賦存状態を確認する。

（a）規制対象地域

爆発事故を受けて、次の通知が環境省より出された。『温泉施設において発生する可燃性ガスに関する当面の暫定対策について』（注2-3）である。

この通知は、ガスに対する規制対象地域を明らかにするとともに、温泉施設の安全を確保するための暫定的な対策を実施することを目的としている。

その中で、規制対象地域は、以下の通りと記されている。

① 『日本油田・ガス田分布図』（地質調査所　現・独立行政法人産業技術研究所、1976年）の中の「油田」「ガス田（可燃性天然ガス）」「ガス田（炭田ガス）」「推定・予想産油・産ガス地帯」は対象とする。
② 「新生代堆積物で被われた地帯（炭化水素鉱床の期待できない地域）」は、相当量の可燃性ガスが含まれることはないと考えるに足る追加的情報が得られなければ、対象とする。

さらに、

③その他、ガス田の存在地域に関する文献や、実際の温泉地域での可燃性ガスの発生状況等を踏まえ、温泉に相当量の可燃性ガスが含まれる可能性が高いと考えられる地域の温泉についても、対象とする。

　①を規制対象地域とすることは当然であるが、それ以外で操業可能性ガス田地域でない（＝①でない）と判定された地域、つまり、上記②、③の地域に関しても、必要があれば、規制対象地域にするとしている。即ち、ほとんどすべての地域で、地下ガスが発生する可能性があることを示していると言える。

　なお、本取り組みに当たっては、環境省、総務省消防庁、厚生労働省、経済産業省、国土交通省によって「温泉に関する可燃性天然ガス等の安全対策検討会」が設置された。最終的には、平成23年8月30日に、温泉採取等に伴い発生する可燃性天然ガスによる災害防止を目的として、法改正がなされている。

（b）事故発生地域

　渋谷のガス爆発事故以降も、爆発・火災等の事故が各地で起きており、平成24年5月24日、新潟県南魚沼市の国道建設中のトンネル内でのガス爆発事故で、4名の方が亡くなっている。その事故を受け、下記の目的で、経済産業省関東東北産業保安監督部が『自然環境に由来する可燃性天然ガスの潜在的リスクについて』（注2-4）を公表した。

目的：作業現場・自然環境は時々刻々と変化する可能性を念頭に置き、各事業者が、幅広い視点を持って同様なガス爆発や火災等の未然防止に万全を期すこと。

　その中に「平成における可燃性天然ガスが原因と考えられる主な爆発・火災等事故事例と『日本油田・ガス田分布図』における地質区部の関係（資料3、省略）」が示されており、事故事例34が記されている。この資料は、色々な部署の協力を得て集約し、取りまとめられた日本国内の事故事例集でもあり、各事故の発生場所と『日本油田・ガス田分布図』に従った地質区分が示されている。「油田」「ガ

表2-1 平成における可燃性天然ガスが原因と考えられる主な爆破・火災事故等事例と
「日本油田・ガス田分布図」における地質区分の関係
(2005(平成17)年以降の抜粋、10例)(H24.8 関東東北産業保安監督部の資料よりの抜粋)

事故事例						日本油田・ガス田分布図における地質区分
発生場所		発生年	発生概要	死亡・負傷数	備考	
大分県	大分市	平成17年	温泉掘削現場で、掘削孔から天然ガスが噴出。マシン起動時、引火し、火柱が上がる。	ー	温泉掘削	新生代堆積物地帯
東京都	北区	平成17年	温泉掘削現場で、ケーシング内洗浄時、天然ガスが噴出。近くの炎により引火し、火災発生。	ー	温泉掘削	ガス田(可燃性ガス)
新潟県	糸魚川市	平成17年	農作業倉庫1棟全焼(常時燃焼改造天然ガス器具取扱不備)	ー	一般	その他地域
大分県	大分市	平成17年	温泉施設の屋外給水タンクの水量確認時、ライターの火がタンク内に滞留していた天然ガスに引火、爆発。	ー	温泉	新生代堆積物地帯
北海道	札幌市	平成19年	温泉汲み上げポンプ小屋で、滞留していた天然ガスに、何らかの火が引火し、火災発生。	ー	温泉	新生代堆積物地帯
東京都	渋谷区	平成19年	温泉汲み上げ施設で、地下室に天然ガスが滞留、充満し、引火、爆発。	死亡 3名 負傷 8名	温泉	ガス田(可燃性ガス)
大分県	大分市	平成20年	貯留タンクの水量確認時、ライターの火がタンク内に滞留していた天然ガスに引火、爆発。	負傷 1名	温泉	新生代堆積物地帯
新潟県	上越市	平成20年	パイプライン用のトンネル掘削中、突然ガス濃度が上昇し、爆発。	死亡 2名	土木	油田
千葉県	大多喜町	平成22年	交番内のトイレで、ライターの火が、地中から排水管を伝ってトイレ内に充満した天然ガスに引火、爆発。	負傷 1名	一般	ガス田(可燃性ガス)
新潟県	南魚沼市	平成24年	トンネル掘削休止現場で、再開のための換気ファン点検中、湧出していた天然ガスに引火、爆発。	死亡 4名 負傷 3名	土木	新生代堆積物地帯

ス田(可燃性天然ガス)」「ガス田(炭田ガス)」「推定・予想産油・産ガス地帯」以外でも多く事故が発生していることが、その資料より分かる。

　特に、同資料によると、2005(平成17)年以降では、10の事故例が記されており、実態は以下の通りで、その事例を表2-1に示す。
①「新生代堆積物で被われた地帯(ただし、この表中では、新生代堆積物地帯と表記)」及び「その他」の区分の事故例が、6件(表2-1中の、網掛けの事例)。
②「ガス田」等の区分の事故例が、4例。

　②の「ガス田」等の天然ガスの発生の可能性が高いとされている地域で、事故が発生していることは理解できるが、①の「新生代堆積物地帯」及び「その他」の地質区分の地域での事故例が多いようである。つまり、上記地質区分と事故の関連性は高くなく、日本各地で類似事故が発生する可能性が低くないことを示していると考える。

(c) 液状化予測のためのガス噴出地域の設定

液状化現象が「地下ガス発生による地下水圧の上昇」と認知された後、液状化予測のためには、新たにガス噴出地域の設定が必要になるであろう。基本的には『日本油田・ガス田分布図』がベースになると考えられるが、この図は、ガス田の操業可能性の観点からの分布図である。今後は、液状化の観点に立ち、専門家の分析・調査等によって、この分布図を別途、（仮称）ガス噴出危険性マップとして、作成しなければならないと考える。ここでは、見直しが必要と思われる代表的な地域の例を記す。

本州では、これまでの液状化発生の状況から考えて、福井平野及び鳥取県弓ヶ浜半島（中海臨海地帯）の2地域である。また、四国では徳島平野等である。その理由は、次の「2、2 ガス田とガス採取、（1）ガス田（b）ガス鉱床として追加された地域、及び（c）ガス鉱床として網羅されていない地域（徳島平野を例に）」の項に記す。

▼2.2　ガス田とガス採取

（1）　ガス田

（a）ガス田（『水溶性天然ガス総覧』から）

1980（昭和55）年2月に天然ガス鉱業会より発行の『水溶性天然ガス総覧』（前出、注1-5）には、これまでのガス田開発に関する多くの情報が記されている。

ただし、これも、『日本油田・ガス分布図』同様、天然ガス採取およびその産業化を目的に書かれている。本書で解明しようとしている液状化現象は、ガス賦存が量的には少なくても、生じる可能性があり、そのような地域も含めて、その検討の対象となる。したがって、ガス賦存の量的な面で考えれば、その対象となる地域は、必ずしも一致していない。しかし、それでも、たくさんの有用なデータの記載があり、その一部を紹介する。

先ず、『水溶性天然ガス総覧』の「1、日本および世界における水溶性天然ガスの分布と鉱床の概要」の「諸論」である。

この種の天然ガス鉱床の開発の歴史はさらに古い。すなわち、諏訪湖ガス田では、明治33（1900）年に、小口杏太郎・源吉の兄弟が上諏訪市衣が浦の沖合

180mの湖から湧出するガスの採取・利用に成功している。(中略) 本格的な開発としては、昭和5 (1930) 年の千葉県大多喜ガス田の開発がもっとも古いようである。

　千葉県大多喜ガス田での本格的開発は、昭和以降であり、それ以前は、小規模な利用しか千葉県でも行われていなかった。
　水溶性ガスに関して、「水溶性または水溶型という用語が一般化したのは、昭和31 (1956) 年からである」と記されている。
　さらに、続く「1, 2 日本の水溶性ガス」で

「水溶性ガスは生化学的な産物であり、また付随水の高い生産性を保証するだけの大きな孔隙率・浸透率が要求されるという見地から、長い間水溶性ガス鉱床は第四系 (=第四紀) (中略) に胚胎される」と考えられていた。

　胚胎とは、①身ごもること、②物事の基となるものがはじまること。(広辞苑より)

　以上の通り記されており、対象地域は、「高い生産性」の保証である。

（b）ガス鉱床として追加された地域
　上記「日本における水溶性ガス鉱床のおよその分布範囲」は、旧通産省地質調査所発行の『日本油田・ガス田分布図』に類似しているが、異なっている地域がある。『日本油田・ガス田分布図』に示されず、本図が示されている主な地域は、以下の2地域であり、これらの地域では、液状化現象が生じている。その概要を示す。
①島根半島
・同地域における代表的な「鳥取県西部地震」の概要
　2000 (平成12) 年10月6日、鳥取県西部を震源。マグニチュード7.3。境港市を中心に、震度6強の揺れ。
・液状化の概要

震央から 30km 以内に位置する境港市、米子市などの弓ヶ浜半島の中海臨海地帯で液状化が発生。特に埋立地に、液状化が集中する。

② 福井平野

・同地域における代表的な「福井地震」の概要

1948 (昭和23) 年6月28日、福井平野を震源。マグニチュード7.1。地震の翌年、この福井地震の経験を踏まえ、新たに震度7が加えられた。

・液状化の概要

液状化は、福井平野の広い範囲で発生。震央に近い丸岡町市街地付近の緩扇状地、旧河道、氾濫平野で最も多く発生。

(c) ガス鉱床として網羅されていない地域（徳島平野を例に）

『水溶性天然ガス総覧』で示された「日本における水溶性ガス鉱床のおよその分布範囲」も水溶性ガスが賦存する地域をすべて網羅しているわけではないと考える。

つまり、水溶性ガスの賦存の可能性がある地域として、過去に調査されたが、「**ガス田と称すべき規模のものは期待し難い**」との調査結果が出た徳島平野などは含まれていない。実際は、下記報告で指摘されているように、水溶性ガス賦存の条件はそろっており、ガス噴出危険性は低くないのであろう。

以下、徳島平野の「ガス徴候と地形」および「液状化の痕跡」を記し、「ガス鉱床として網羅されてない地域」の例とする。

ⅰ）ガス徴候と地形

この地域のガス調査報告として、「徳島県吉野川下流流域天然ガス徴候踏査結果報告（地質調査月報）」（注 2-5）がある。まず、「結語」より、抜粋する。

　　今次踏査結果においても最深井が 74m であったにすぎず、ガスの存在について不明な点は残るが、平野地下を構成する地質は砂礫質層が主体で、有力なガス母層となるべき有機物質を多く含む粘土質層が発達せず、たとえ地質時代のある時期にガス鉱床を形成したことがあったとしても、現在の優勢な地下水による破壊も考えられる。あるいは部分的に破壊をまぬがれた小区域が旧デルタ地帯の両側部に残留する可能性があっても、ガス田と称すべき規模のものは期待し難い。

上記のように判定され、この報告等に従い、地質調査所の『日本油田・ガス田分布図』では、「ガス田」と分類されなかったのであろう。ただし、地下ガスが全くないとは、記されていない。本報告の「5.結語」の冒頭には、以下の記載もある。

　地質時代の若い水溶性天然ガス田は発達した三角州地帯に賦存することがあるので、吉野川三角州地帯も、地形、地質上からガス賦存を検討すべき条件を備えている。

　つまり、地下ガス賦存は否定しておらず、その可能性があると考える。
ⅱ）液状化の痕跡
　『地震の日本史－大地は何を語るのか－（寒川旭）』（注2-6）の「第1章　縄文時代～古墳時代」に、この地域の液状化の痕跡が記されている。

　徳島県を流れる吉野川下流の低地にある板野郡板野町の黒谷川宮ノ前遺跡では、（中略）ここでは、四回の地震に対応する砂脈が検出されたが、最古の砂脈は下部の水田耕作土に削られており、弥生時代Ⅴ期中頃の地震によるものである。二回目の地震による砂脈は両方の耕作土を引き裂き、新しい水田面上に噴砂が流れ出していた。そして、この水田は地震とともに廃絶した。三回目の地震は古墳時代、四回目の地震は一四世紀である。

　この地域の地震や液状化現象に関しては、古文書等にもあまり残されていない。しかし、本地域は活断層に位置しており、地震が発生しやすい地域であると共に、地震が発生すれば、上記ガス賦存が影響して、液状化現象が発生する可能性があると考える。
　これは「徳島」の一例であり、類似の条件がある地域は、ガス賦存量に差はあるが、全国にある。

追記:〈熊本地震〉

 2016(平成28)年4月本地震が発生した。液状化現象も生じた。「日本の天然ガス資源とその開発」(前出、注2-2)から、抜粋する。

 緑川、白川両河にはさまれた熊本平野には有明海に面した南北約10km、東西約2kmにガス徴候が存在している。ガスは沖積層中に胚胎され、存在の深度は80mまでで、口径2吋(インチ:1インチは約25.4㎜)、自噴ガス量1m³/日程度のガス井が地域内に数本ある。

 熊本は、過去にも、大地震が発生しており、過去の液状化現象の実態は、必ずしも明確でないが、井戸の濁り等は、数多く報告されている。熊本平野では、地震が起きると、液状化が発生する。それは、地下にガスが賦存するためと考える。

(2) 世界のガス田

 天然ガス鉱業会『水溶性天然ガス総覧』(前出、注1-5)には、「世界の石油・天然ガス(水溶性を含む)埋蔵可能地域」(図2-4)が示されている。
 この資料よると、日本のかなりの範囲が、埋蔵可能地域となっていることが分かると共に、海外で生じた液状化現象も、天然ガス埋蔵可能地域で発生していることが分かる。代表的な次の2つの地域の地震と液状化現象の概要は、以下の通り。なお、図2-4には、本書で取り上げた地域とその主な内容を付記する。

(a) ニュージーランド、カンタベリー地区

 ニュージーランドは日本同様、かなりの範囲が、埋蔵可能地域として記されている。
 クライストチャーチ地震:東日本大震災の直前2011年2月22日ニュージーランドカンタベリー地方、クライストチャーチ市を中心に、発生した地震。マグニチュード6.2。震源深さ5km。クライストチャーチ市での液状化は、その前後の地震を含め複数回発生。橋梁、建物等に大きな被害が発生した。

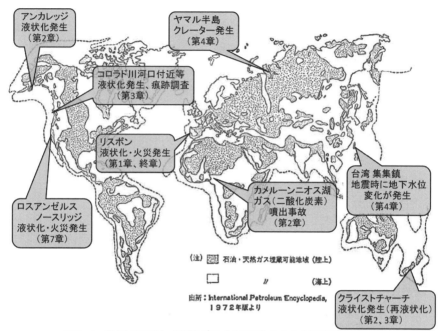

図2-4 世界の石油・天然ガス(水溶性を含む)埋蔵可能地域

同地域は、沖積平野に位置しており、ガスが賦存していると推測される。

(b) アメリカ、アンカレジ地域

アラスカ地震：新潟地震の前、1964年3月27日アメリカ合衆国アラスカ州アンカレッジ市南方を震源とする地震。海溝型地震で、マグニチュード8.4～8.5。同年、日本で発生した新潟地震と並び、液状化現象による被害が大きく、大規模な地滑りが発生。この地震以降、液状化現象が活発に研究されるようになる。

同地域に隣接してガス田がある。

(3) 日本の代表的ガス田とガス採取

『水溶性天然ガス総覧』の「8、水溶性天然ガスの採取規制の状況と対策」に各地のガス採取に関する規制状況等が報告されている。特に、大規模なガス田がある「新潟」「千葉」に関して記されている。

（a）新潟ガス田
ⅰ）ガス採取の影響
　「§1、新潟県における採取規制の状況と非排水方式による企業化実験」に、ガス採取による地盤沈下問題・ガス採取規制状況等が記されている。ここでは、その規制状況をベースに、「新潟地震発生までのガス採取規制状況等と液状化との関連」の経緯を想定し、その概要を記す。

①新潟は、油田及びガス田地帯であり、古くから石油・天然ガスが採取され、活用されてきた。

②地震により、液状化現象は生じていた。その１つの代表例が、越後三条地震（1828年）である。その後も、地震時に液状化現象が発生し、その記録が残される。

③昭和に入り、新潟ではガス採取が開始された。しかし、地盤沈下が急速に進み、水溶性ガス採取に伴う地下水の揚排水が規制されるようになった。

④新潟地震発生以前の1958（昭和33）年頃から、新潟市内では、ガス採取規制範囲が港湾地域と市街地Ａ、Ｂ、Ｃ地区に分類され、1964（昭和39）年新潟地震発生前までに、ガス採取規制基準は厳しくなっていった。『水溶性天然ガス総覧』の「新潟ガス田水溶性天然ガス採取規制一覧図」（前出、その概要図、図1-3-3）参照。昭和39年前までの規制では、地盤沈下の厳しかった「港湾、市街化区域Ａ」だけが、全層排水停止規制となっていた。「市街地Ｂ、Ｃ区域」においては、層別のガス採取規制であった。昭和大橋より上流側では、そのガス採取規制の境界線は、概ね信濃川であった。

　つまり、昭和大橋上流側左岸部は、市街地Ａ地域であり、ガス採取が停止され、右岸側は、市街地Ｂ地域で、出来島ガス田があり、ガス採取は条件付きながら、継続して行われていた。

⑤1964（昭和39）年地震が発生。ガス採取規制の影響を受け、信濃川の昭和大橋下流周辺及び昭和橋上流左岸側で、近年経験したことのない液状化現象が生じ、昭和大橋上流右岸側では規模の大きな液状化は生じなかった。昭和大橋は、既に記した通り、河川中央より左岸側は、落橋し、右岸側は軽微な被害であった。

　以上の通り、新潟中心部は、新潟地震発生当時、ガス採取がかなり規制されており、その影響が液状化現象に現れたと考えられる。

ⅱ）ガス採取による液状化被害の違い

液状化被害は、前述の「新潟市の地盤地質と新潟地震による被害」の「新潟市街被害分布図」（前出、その概要図、図3-1-1）の通りであるが、信濃川にかかる橋の被害状況から、その違いを比べる。各橋梁の架設位置は、図1-3参照。

①昭和大橋

昭和大橋に関しては、すでに第一章で述べたが、他の橋梁との被害状況を比べるため、そのポイントを再度記す。

同橋は延長約300m（12径間）である。その300m間での、液状化被害の違いに関しては、地震調査の速報において「昭和大橋地点で、河心を境として両側の被害の差はまことに対照的である。恐らく地盤の性質に根本的な相違があったのではなかろうか。今後検討すべき問題である」と指摘された。つまり、河川中央から左岸側にかけ、約150m間で被害が甚大であった。

②八千代橋（昭和大橋下流の道路橋）

「新潟地震後の万代橋復旧工事（雑誌　道路）」（注2-7）に、八千代橋の被害状況が記載されている。

八千代橋においては橋桁こそ原形を保ったが、墜落寸前の状態であり、左岸側橋台、橋脚の傾斜、破損が著しく、また取付道路の陥没大で、橋台取付部で1m以上の段違いを生じたため車両の通行は不可能であり、辛うじて歩行者が通れる程度であった。

③万代橋（八千代橋下流の道路橋）

上記報告（注2-7）に、万代橋の被害状況が記載されている。

橋台に連なる袖擁壁はその基礎が橋台とは別途に施工されていたため、袖擁壁と橋台との間に裂け目ができ、外側に向かって水平移動し同時に沈下した。なかでも左岸上流側が著しく約2m河心方向に相対的変位を起こした。

④越後線　信濃川鉄道橋（昭和大橋上流の鉄道橋）

『昭和39年新潟地震震害調査速報』（前出、注1-1）に、以下のように、被害状況が報告されている。

昭和大橋の場合と同じく、右岸は全然被害がないといってよいが、左岸の震害は甚大である。これはとくに線路盛土の崩壊について顕著であった。この被害顕著域と被害軽微域との境界は、下流側の昭和大橋の場合より左岸寄りにあるように思われる。

　以上の４橋の報告から、被害の差とその原因は、次の通り考える。
　各橋梁の地質等を精査する必要はあるが、共通しているのは、左岸側の被害がいずれも大きいことである。特に、信濃川鉄道橋の記載がポイントになる。信濃川鉄道橋梁は、昭和大橋の上流側約500mの位置にあり、当時の右岸側にあった出来島ガス田に近接していた。つまり、信濃川鉄道橋梁の右岸側は、出来島ガス田の中心部に近く、他の橋梁の位置に比較して、ガス採取の影響を大きく受けていた可能性が高いと推測される。したがって、あくまでも推測の域を出ないが、ガス採取が「**被害顕著域と被害軽微域との境界を、下流側の昭和大橋の場合より左岸寄り**」にさせた可能性がある。
　ガス採取が、液状化被害の差であると考える。ガス採取による液状化防止の効果は、数値的に捉える事は、現状では困難であるが、ガス採取が液状化の防止又は低減の手段として、有効であることを示しているのであろう。

（ｂ）南関東ガス田

　南関東ガス田は、千葉県を中心に茨城県、埼玉県、東京都及び神奈川県にまたがっており、その地下に天然ガスが埋蔵されている。可採埋蔵量は、約3,700億m^3とされており、日本有数の水溶性天然ガス鉱床である。この鉱床の大部分は地下数百mよりも深い地層に存在し、色々な調査により、その分布範囲が示されているが、正確には分かっていない。（独立行政法人　産業技術総合研究所　地質調査総合センター発行の地質図に、南関東ガス田の分布範囲が示されている「図2-5、南関東ガス田分布図」参照）。
　なお、図2-5には、後述する昭和14年に千葉県より発行された「千葉県天然瓦斯分布図」に示されたガス田の範囲も示す。
　ガスの採取は、南関東ガス田の各地で調査・計画され、実施されたが、現在では、千葉県内のみで商業的に採取されている。以下、４つの地域に分けて、ガス

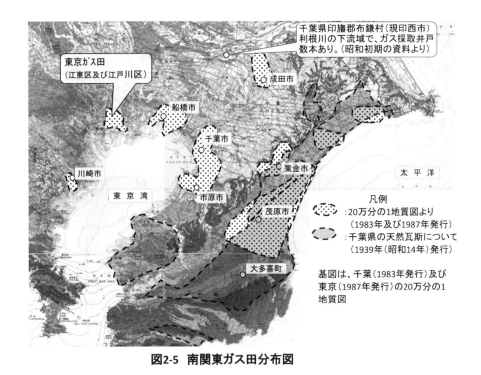

図2-5 南関東ガス田分布図

の賦存・採取と液状化現象発生の関係を記す。

(b)-1　南関東ガス田①　東京都（東京湾沿岸）
ⅰ）ガス田とガス採取

　東京低地には、東京ガス田と称されるガス田があり、戦後ガス田の開発が積極的に行われた。ただし、戦前、例えば、関東大震災（1923年）当時は、東京の地下にガスが賦存していることは、ほとんど認識されていなかったようである。

　ガス採取時の揚水により、新潟と同じく、地盤沈下が生じ、ガス採取が困難となり、昭和40年代より、ガス採取は規制され、その後、完全に採取が行われなくなった。

　以下、ガス開発の概要を、シンポジウム『東京ガス田上の地質環境と地下開発—地下開発におけるガス問題をいかに克服するか—』における「東京ガス田について—環境地質的側面に関連して—」（注2-8）より、抜粋して記す。

東京ガス田は南関東ガス田地帯の西縁部に位置し、江東区と江戸川区を分ける荒川の河口付近を中心に発達するため、江東・江戸川ガス田と呼ばれることもある。開発の対象となった高ポテンシャル域は、荒川を挟み、その西側の江東区と東側の江戸川区南部にわたる面積約8.2m²の区域である。

当時の東京ガス田のガス井位置図は、公表されており、ガス井を中心とし、想定影響範囲を700mと仮定し、その影響円に対して外接する曲線で結びその範囲内を想定ガス田として、図示すると、「図2-6 ガス井と想定ガス田範囲図」の通りであり、その区域を確認することができる。さらに、上記報告には、開発等に関して記されている。

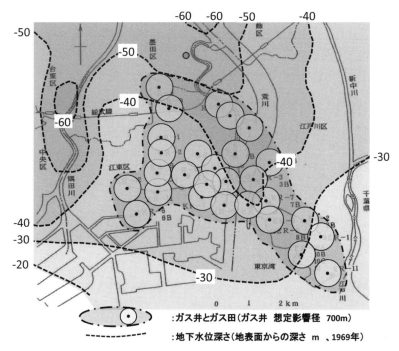

図2-6 ガス井と想定ガス田範囲図
（1969年当時の地下水面深さを合わせて記す。）

東京ガス田の実質的な開発は、昭和26年の江東区大島町二丁目における武蔵野天然瓦斯研究所による深度600mの試掘の成功に始まり、昭和47年までの20年余りの間に行われた。開発最盛期の昭和36年頃には開発井の数は約30坑に達した。昭和41年頃からは江東砂層下位の砂岩層の開発が始まり、掘削深度は1,000～1,500mに及んでいる。

ⅱ）関東大震災時の液状化

大正12年の関東大震災の時に生じた液状化範囲が、『日本地方地質誌　3関東地方（日本地質学会編）』（注2-9）の「1923年関東地震での東京低地の液状化履歴」に示されている。

当時地震を経験した人からの聞き取り調査によって作成されている。この図から、東京ガス田が、江東、江戸川両区の限られた範囲であったのに対して、液状化は、江東、江戸川両区を中心に、東京下町低地で広範囲にわたって、激しく発生していたことが分かる。当時の震度は6。

図2-7に、上記液状化履歴の内、隅田川左岸部の抜粋を示し、現在東京都が公表している「東京都液状化予想（平成24年度版）」で、液状化が生じる「可能

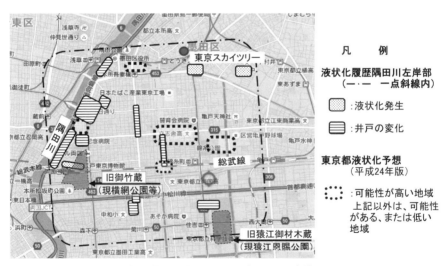

図2-7　1923年関東地震（大震災）での東京低地の液状化履歴
（隅田川左岸部の抜粋、平成24年の液状化予想との対比）

性が高い地域」と比較すると、関東大地震当時、液状化が発生したと報告された区域と「可能性が高い地域」が必ずしも、一致していないことが分かる。

ⅲ）東日本大震災時の液状化

『東北地方太平洋沖地震（東日本大震災）による関東地方の地盤液状化現象の実態解明　報告書（国土交通省関東地方整備局、地盤工学会）』（注2-10）には、「液状化調査範囲位置図その1（東京湾岸北部）およびその2（東京湾岸南部）」（図2-8-1,2）が掲載されており、それには、液状化範囲および非液状化範囲が明示されている。東京低地では、千葉県沿岸に比べて、液状化はあまり発生していない事が分かる。

ⅳ）地下ガスと液状化との関連性

東京ガス田でのガス採取は、当初の浅い層から、深い層へとその深さを変えていった。ガス採取の中止は、地下水低下による地盤沈下であるが、その前に、かなりの量のガスが採取されていると思われる。そのため、ガス採取後に生じた大地震によっても、液状化現象は起きにくくなっていたと推測される。ただし、条件が揃えば、依然として液状化が生じる可能性は残っていると思われるが、今後の課題であろう。

また、ガス採取が行われていた地域は、江戸川区と江東区に限定されるが、その採取等による地下水位低下の範囲は、広範囲に及んでいたことが以下の資料からも読み取れる。

「南関東地域の地下水利用と地盤沈下」（注2-11）に「南関東地方の1969年の地下水面図」がある。この図を参考に、このガス田地域付近の地下水面深さを、「図2-6 ガス井と想定ガス田範囲図」に示してある。この付近一帯が大きく水位低下しており、特に、ガス田地域が30〜40m程度低下しているのに対し、その地域の北及び西側では、さらに大きく、60m以上低下していたことが分かる。この地下水位低下には、ガス採取時の排水の影響だけでなく、工場での揚水等の影響も含まれており、それを区分することは難しいが、ガス採取等によって生じる地下水位低下の影響が、ガス採取井戸付近以外にも及んでいたと推測できる。

東日本大震災の時、東京低地の地下ガスは、既にかなり採取されていたため、新潟地震や関東大地震時のような、液状化現象は、限定的な場所にしか生じなかったと考えられる。

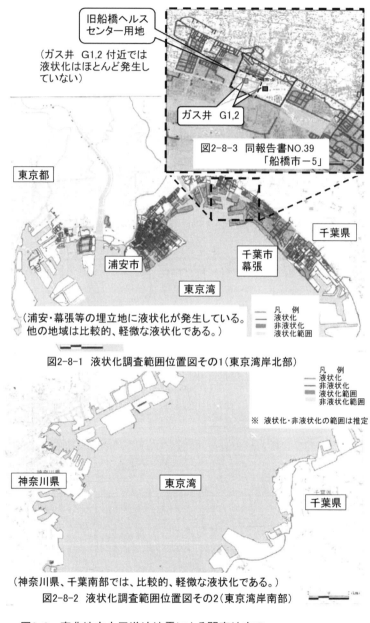

図2-8 東北地方太平洋沖地震による関東地方の
地盤液状化現象の実態解明報告書 （口絵 4、カラー図 参照）

> **参考2-1：〈年代効果〉**
> 　東日本大震災の時は、東京では震度5強ないし5弱で、関東大震災の時よりは、やや弱いものの、東京低地では、「液状化調査範囲位置図その1（東京湾岸北部）」に示すように、千葉県東京湾沿岸部で発生したような大規模な液状化は発生しなかった。最近の文献によると、"年代効果"との考えが示されている。この考えは、近年(特に20世紀後半以降)埋立てられた地盤で、東日本大地震を含む、近年の大きな地震時に、液状化が起き、それ以前に埋められた地盤では、同じような地盤条件であるにもかかわらず、液状化が起きていないとの解釈によっている。
> 　しかし、関東大震災の時、造成後、100年以上経た埋立て地盤（例えば、江東区の荒川右岸）等で、液状化が生じている。年代効果は否定できないと考えるが、埋立て後、数十年オーダーで、その年代効果がどの程度発揮されるのか、検証が必要と考える。「東京湾北部における埋立地の分布と造成時期」（図2-9）を添付する。

(b)-2　南関東ガス田②　千葉県（東京湾沿岸）

　千葉県東京湾沿岸では、東京ガス田よりも大規模にガス採取が行われていたが、現在は、一部の地域を除いてガス採取は行われていない。東京都で地盤沈下を抑制するために、ガス採取が規制されたように、千葉県でもガス採取が規制された。

ⅰ）ガス採取と規制

　『水溶性天然ガス総覧』には、千葉県下の水溶性天然ガスの採取規制措置の経緯が記されている。昭和40年代中頃より地盤沈下の防止を目的として、下記のように、規制がかけられるようになった。

　1972（昭和47）年7月10日、以下の通り、東京通商産業局によって措置が取られた。

・「千葉県下の水溶性ガスの採取規制措置（その1）」
a、制限区域の分類

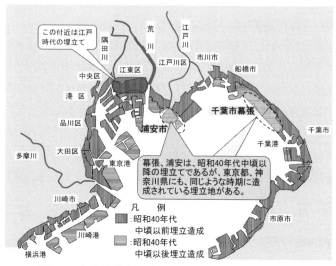

図2-9 東京湾北部における埋立地の分布と造成時期

　千葉県下の天然ガス採掘区域は次の4つに区分された。
　①市街地等、②A地域、③B地域、④C地域
　なお、①市街地等は、都市計画法の市街化区域。A、B、Cの各地域は、距離、標高等により分けられている。

b、措置

　各々の地域に対して、個別の措置が示された。例えば、①の市街地等では、昭和53年度内に、天然ガスの採取を全面的に中止する。また、各地域ごとに坑井間隔等に対して、制限がかけられた。

c、措置の運用

　「本措置に基づく規制対象地域、坑井間隔、新規採掘井の掘さく計画等に関しては、地盤沈下の状況及び地質的特性等各採取地域の実情を勘案し、天然ガス技術委員会の意見をきいて、適切に運用を図るものとする」とされた。その後、昭和48年には「千葉県と企業者による地盤沈下防止協定書」が結ばれ、さらに、昭和51年12月に、同措置（その2）が取られる等、天然ガスの採取条件は厳しくなった。

ii）措置によるガス採取の実態

　ガス採取の実態を示す資料として、『地下資源・地盤災害研究資料―第15号―天然ガス生産量・天然ガスかん水揚水量・天然ガスかん水還元量・天然ガスかん水排水量と地盤変動（千葉県公害研究所）』（注2-12）がある。

　この資料には、千葉県公害条例に基づき、「天然ガス採取事業所から報告された天然ガス生産量・天然ガスかん水揚水量・同還元量」と「千葉県環境部が実施した一等精密水準測量成果」等が纏められ、掲載されている。1969（昭和44）年から1983（昭和58）年までのデータがあり、その中の一つに「排水量と地盤沈下の関係図」が記されている。この図より、ガス採取実績の概要を知ることができる。年ごとに変化しているが、浦安から幕張までの海岸沿いでは、ある一時期（1971〈昭和46〉年頃まで）の船橋・市川付近以外では、ほとんどガス採取が行われていないことが分かる。一例として、図2-10に、「1969（昭和44）年の地下水排水量とその関係図」を示す。

　その資料より、1969（昭和44）年当時、千葉市から南側（市原市方）の埋立地でもガス採取は行われていないことが分かる。1969年以前の状況は、『水溶性

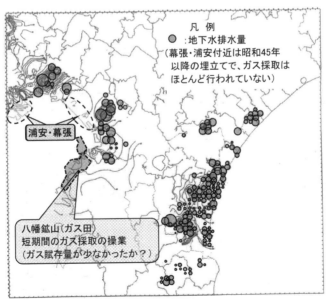

図2-10　1969(昭和44)年の地下水排水量とその関係図

天然ガス総覧』に示されており、その概要は以下の通りである。

　千葉県市原市にあった八幡鉱山及び木更津付近にあった高柳鉱山が、㈱冨士ボーリングによって開発され、「㈱冨士ボーリン開発鉱山位置図」（図2-11）に記されている。八幡鉱山は 1961（昭和36）年開始、高柳鉱山は 1969（昭和44）年開始されたが、八幡鉱山は 1971（昭和46）年、高柳鉱山は 1970（昭和45）年に各々廃止された。想定していたより、少ない採取しかできなかったため、早期に廃止になったのではないか。つまり、この地域には、あまり多くのガスは賦存していないのではないかと考える。ただし、より大きな振動を受けた場合、どのようになるかは不明であり、今後の課題でもあると考える。

ⅲ）東日本大震災時の液状化

　千葉県東京湾沿岸の液状化範囲も、『東北地方太平洋沖地震による関東地方の地盤液状化現象の実態解明　報告書』の「液状化調査範囲位置図その1，2 東京湾岸北部・南部」（前出、図2-8-1、2）等から確認できる。

　浦安から千葉市にかけては、昭和40年代中頃以降の埋立地と液状化発生範囲がほぼ一致しているように見える。しかし、他の地域、例えば千葉県の市原市方

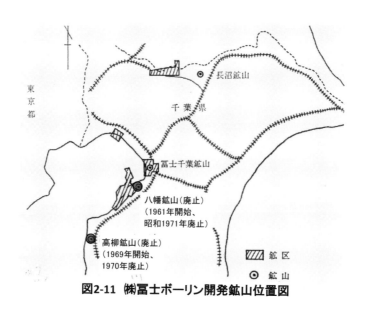

図2-11　㈱冨士ボーリン開発鉱山位置図

（および神奈川県方）は、液状化はほとんど発生しておらず、その傾向を示していない。

　ガス採取井戸設置箇所と液状化範囲を比較し、その関連性を調べると、次の3つの特徴的状況より、ガス採取等の影響があったと想定される。

①昭和40年代当時までは、東京、千葉の東京湾沿岸の埋立地では、天然ガスの採取が広い範囲で行われていたが、規制により、その採取が中止された。したがって、昭和40年代当時までに埋立られ、かつ、ガス採取が行われていた地域は、液状化の被害は軽微であった。一方、ガス採取されていない地域、つまり、浦安から幕張までで、昭和40年代以降に埋め立てられた地域は、ガスが多く地下に賦存されたままであったため、地震により地下ガスが発生し、大きな液状化現象が生じた可能性が高いと考える。

②昭和40年代以前の造成地で、ガス採取が、埋立て後、実施されていた地域、例えば、市川市江戸川河口左岸側埋立地（昭和30年代の埋立てで、かつ、ガス採取が実施されていた）等では、液状化現象が発生しているが、部分的である。液状化発生地点とガス井位置等の精査が必要であるが、ガス井が過去にあった地点の近傍では、ほとんど液状化は発生していない。

③特に、顕著な例は船橋の一角である。船橋では、1952（昭和27）年新規埋立地で天然ガスが発見された。その地下ガスを利用して、昭和30年代より、ヘルスセンターが開設され、当時人気を博した。しかし、その後、周囲の地盤沈下が進み、ガス採取を中止せざるを得なくなり、1971（昭和46）年ガス採取が中止され、最終的には1976（昭和51）年閉鎖となった。

　千葉県開発庁港湾工事用水局発行の『東葛地域の地盤特性』の「地盤図-1　地形分類図および観測井、井戸、水準点、ガス井位置図」で、旧船橋ヘルスセンターの用地内にガス井が2本あったことが確認できる。約20年間ガス採取が行われていたため、船橋ヘルスセンター用地周辺の地盤のガス賦存量はかなり少なくなっていたのであろうか。その周辺では、2011年の東日本大震災の時は、ほとんど液状化現象は生じていないことが、『東北地方太平洋沖地震による関東地方の地盤液状化現象の実態解明　報告書』のNo.39「船橋市-5」（図2-8-3）の資料より分かる。

　同報告書のNo.39「船橋市-5」に、上記「地盤図-1」に示された、ガス井2

本　G-1とG-2を記す。

（b）-3　南関東ガス田③　千葉県（九十九里沿岸）

　九十九里は、南北約60km、砂地盤が続く地質であり、東京湾沿岸と同じようにガス田でもある。東日本大震災時、液状化が発生した地域と発生していない地域がある。ガス井と液状化発生地点を比べてみると、ガス井付近では、液状化現象は生じておらず、逆にガス井以外の地域で液状化が生じていることが分かる。詳細は、割愛するが、（b）-2同様、精査が必要であろう。

（b）-4　南関東ガス田④　神奈川県（東京湾沿岸）

　本地域も埋立地が多く、南関東ガス田に位置している。しかも、東京、千葉同様、比較的新しい埋立地も多い。しかし、東日本大震災時に、千葉に比べれば、埋立地の地盤を改良してあった等の効果があったかもしれないが、大きな液状化の被害は生じていない。
　これは、ガス田における賦存量の違いではないか。同地域のガス田に関しては、「南関東ガス田地帯における天然ガスの分布について（石油学会誌）」（注2-13）で報告されている。以下、「（5）東京湾西岸地域」から、その抜粋を記す。

　　川崎ガス田から三浦半島北部一帯にわたる地域で、川崎ガス田のほか、綱島、鶴見、星川、根岸（以上横浜市）の試掘地と、大船付近のガス徴候地はこの中に含まれる。（中略）川崎ガス田の採収層位には、ごく少量のガスしかないといわれている。そして逗子層を仕上げた結果では、水の塩分濃度は十分に大きいにもかかわらず、ガス水比は計算ガス水比をはるかに下まわることが知られている。

　ガス水比が小さいということは、ガス量が多くないと判断することもでき、神奈川県の東京湾沿岸に位置する川崎ガス田のガス賦存量は、千葉県に比べ、少ないのであろう。
　ただし、関東大震災の時には、「横浜市震災誌」によると、横浜市内の大岡川河口の干拓地や埋立地で、液状化が発生していた。ガス田には分類されていないが、後述する「神奈川県における温泉付随ガスの実態調査結果（第1報）」によ

れば、横浜中心部付近でも、深度：1500mで、メタンガス濃度94.0％となっており、横浜市中心部の地下には、ガスが賦存するのであろう。

参考2-2：〈昭和初期の天然ガス賦存に関する認識〉

　1939（昭和14）年に、「千葉県ノ天然瓦斯ニ就テ」（注2-14）が千葉県より、発行されている。当時の「千葉県天然瓦斯分布図」が示されているとともに、県内の天然瓦斯徴候地名表が記されている。

　その分布図より、当時は、長生郡、夷隅郡（現在の茂原市、大多喜町等）を中心に、千葉県南東部に、天然ガスが賦存していると認識されていたことが分かる。千葉県市原市より北側の東京湾沿岸、つまり、千葉市、船橋市等では、天然ガスが賦存すると認識されていなかったようである。東京、神奈川でも、同様の認識であったと考えられる。既に「図2-5、南関東ガス田分布図」に、その分布範囲は示してあるが、分布図は変化してきていることが分かる。地下深くのガス賦存状況を正確につかむことは難しく、ガス賦存をどのように定義するかによっても、これらの分布図に差異が出る。ガス田としての操業性等は考慮せず、ガスが発生する可能性がある地域を明らかにすることが、第一歩と考える。賦存状態、賦存量等は、その後の課題と考える。

　天然瓦斯徴候地名表には、分布図に示された地域がほとんどであるが、天然瓦斯分布図に示されていない千葉県北部等でも天然ガスが賦存していたことが、以下の通り示されている。その表の説明と布鎌村に関する記載である。

今回ノ調査ニ際シテ天然瓦斯徴候地ノ有無、徴候地ノ位置並ビニ其ノ利用状況ニ関シテ県下各市町村ニ問ヒ合セタル処「徴候地有リ」ノ報告ニ接シタルモノ左（下記）ノ如シ。
　市町村：印旛郡布鎌村（現在の印西市で、利根川下流流域に位置している）
深度54-72米(m)ノ瓦斯採取井数坑アリテ家庭用、精米モーター用ニ使用セリ。

　利根川下流域では、東日本大震災時等で、液状化現象が発生している。上記　布鎌村の事例は、東日本大震災を含め、過去に液状化が発生した地域で

は、この地域に限らず、天然ガスが賦存していることを示していると考える。

(4) ガス埋蔵量と噴出
(a) ガス埋蔵量

埋蔵量に関しては、色々なデータが発表されているが、ここでは、天然ガス鉱業会の『わが国の石油・天然ガスノート（2014,1）』（注2-15）より引用すると以下の通りである。

「各国の原油・天然ガス生産量と埋蔵量の比較（平成24年末）」によれば、全世界の天然ガス可採埋蔵量が、187兆 m^3 に対して、日本は460億 m^3 で、全世界の埋蔵量に対して、約0.025％である。ただし、日本の可採埋蔵量には、水溶性ガスは含まれていない。

生産量は、全世界で約3.4兆 m^3/年に対し、日本では32億 m^3/年。世界と比較して、日本の生産量は約0.1％に過ぎない。また、日本は全消費量の約3％しか自前で生産していない。

以下、ガス田に単位面積当たりどの程度のガスが賦存しているか、理解するために、試算する。あくまでも試算であり、参考である。その基となるデータに統一性等がないことも理解していただきたい。

南関東ガス田が、日本最大の水溶性ガス田で、埋蔵量約3,700億 m^3、鉱床面積約4,300 km^2 とのデータがある。面積当たりの埋蔵量は、約86 m^3/m^2 となる。なお、世界の陸域面積は約1.5億 km^2 であり、世界の天然ガスが均等に賦存していると仮定すると、その量は約1 m^3/m^2 となる。

データによる試算であり、データの扱いによって、この試算値は違ってくるが、ガス田地域の地下には、大量のガスが賦存されていることが分かる。地震時に、この地下に賦存するガスが地表に噴出する可能性がある。その噴出量を予測することは現状では困難であるが、次に記す「ガス猛噴」からも、少ない量でないと理解できる。

(b) ガス猛噴

新潟では、ガスの噴出が報告されている。最も規模の大きかった例として、「新潟ガス田の開発（石油学会誌）」（注2-16）に、次の通り記されている。

ガス層で特記すべきことは東新潟南浜地区において大きな遊離ガス鉱床が存在したことである。(中略) 昭和32年日本瓦斯化学㈱、O基地1号井において猛噴を起し、4,000万m³内外のガスが発噴したがその後これを抑圧して遊離ガスの採取に成功した。

　また、当時の天然ガス累計生産量に関して、「新潟ガス田の層序および地質構造について(石油学会誌)」(注2-17)に、次の通り記されている。

昭和22年〜35年の間に開坑された坑井665坑、これによる天然ガス累計生産量は、1,634,985,000(約16.4億)m³の多量に上っている。

　上記報告より、14年間で、平均1.2億m³/年程度の生産量であったことが分かる。それに対し、一回で噴出した量が、約4,000万m³であり、当時の年間生産量の、約3割が、噴出したことになり、莫大な量のガスの噴発が生じる可能性がある事を示している。

　約4,000万m³とは、どの程度の量か。東京ドーム容量は約124万m³、したがって、約30倍分である。また、一般家庭の年間使用量を400m³/年とすると、約10万世帯の年間使用量が、噴出した量になる。また、上記南関東ガス田で試算したガス量86m³/m²が賦存していたと仮定すると、4,000万m³/(86m³/m²) = 46万m²、つまり噴出孔を中心に、概ね直径770mの円形内の範囲のガスが、一か所から噴出したことになる。

　この様な試算ではあるが、一度異変が生じれば、類似規模のガスが噴出する可能性があることを、理解することができる。

(c) ニオス湖(カメルーン)の事故例

　世界では、局地的に、大量のガスを賦存している地域があり、実際、噴発事故も起きている。例えば、カメルーンのニオス湖で、甚大な事故が起きている。
　「カメルーン・ニオス湖ガス災害(1986年8月)の原因—火口湖からの炭酸ガスの突出—(日本火山学会)」(注2-18)に、その概要が以下の通り記されている。

1986年8月21日、カメルーン西北部のNyos（ニオス）湖から噴出したガスのために、湖周辺及びその北方約20kmの範囲で1,700名以上の人々が死亡すると言う史上に例を見ない大規模ガス災害が発生した。

　1,700人以上が亡くなり、20kmの範囲に影響が及んでおり、我々が、通常では想定することの難しいガス量が噴出する可能性があることを示している。同様の災害が生じる可能性は、日本では、恐らく、極めて低いのであろうが、万一、日本で起きれば、数万人以上に被害が及ぶ恐れがある災害が、カメルーンでは起きている。
　なお、この事故で発生したガスは標題にも記されていた通り炭酸ガスであった。

（d）賦存ガスは、減っているのか
　ガス噴出トラブルや、ガス採取などによって、地下ガスは減っているように考えられる。しかし、減っているだけではない。有史以前から、ガスは地盤中での発酵を通して、生成され続けている。つまり、過去と同じように、現在もガスを生成する要素を有している。
　どこで、生成され続けているかに関する専門的なことは、その専門家に頼らざるを得ないが、一般的には、堆積盆である。
　地表面が沈下している場所が堆積盆である。沈下により、海や湖ができ、生物等の有機物が堆積した地層ができる。石油や天然ガスはこれらの堆積物に含まれる生物起源の有機物から生成され、その地層が厚く分布する地域が堆積盆である。日本にある代表的な堆積盆は、関東堆積盆、新潟堆積盆、秋田堆積盆、石狩－日高堆積盆等である。これらの地域はすべてガス田を有しており、今も地表面の沈下が進んでいる。前出の「本邦第四紀天然ガス鉱床の地球化学」に記されているように、「現在もなおガスの生成さえも好条件にあるとも思われる節もある」のである。

第三章

地下ガス(バブル)による液状化

あらすじより

液状化は日本各地で発生しており、沢山の調査・研究がなされている（＝通常科学）が、地下ガス（バブル）との関連性を示した報告は、極めて少なく、全くと言っていいほど、体系付けられていない。これまでの液状化の色々な調査等で得られた現象には、既存のパラダイムでは発生しない現象（＝変則事例）があり、それら現象を示す。また、地下ガス(バブル)による液状化の真相と再定義を記す。

新たに、深層噴流による液状化を、「液化流動」と定義する。

▼3.1　液状化の痕跡

地震時の液状化現象の調査は、主に「地震後の噴砂状況の確認」および「ボーリングによる地震前後の土質調査」等によって行なわれてきたが、近年、液状化の痕跡調査等の新たな手法が用いられてきている。先ず、それらの新たな手法とそれらから得られた新たな知見を紹介する。

（1）　地震考古学

近年、地震考古学の提唱者である寒川旭氏が、遺跡に刻まれた地震の痕跡を発掘調査し、その結果及びそれらに関連した内容を報告すると共に、多くの書籍を出している。

地震の痕跡である活断層や液状化等を、主に地質学的に検証している。ここでは、その内の液状化によって生じた痕跡に関して記す。液状化の痕跡は、砂脈等から得られる。その調査内容は、工学に携わる者とは異なる視点から観察しており、貴重な事実を示している。

(a) 遺跡は巨大な観察現場

『地震考古学─遺跡が語る地震の歴史─(寒川旭)』(注 3-1) で以下のように記している。

遺跡での観察によって明らかになった地質現象は少なくない。液状化現象の例をとると、砂礫層の液状化の発見、液状化した地層と噴砂との粒度組成の比較、液状化に伴う地層の流動や変形の観察などは発掘現場なればこその成果である。私達は、遺跡を地盤災害の巨大な実験室として活用する機会を与えられているのである。

まさしく、液状化現象が生じた部分の観察は、実験室そのものかもしれない。もっと広く、深く、液状化の痕跡が残る現場を、巨大な観察現場として、活用すべきであろう。

また、観察に関して、「遺跡が語る巨大地震の過去と未来─境界領域「地震考古学」の開拓─(シンセシオロジー、寒川旭)」(注 3-2) の中「5、5 液状化現象に関する新知見」に、以下の記載がある。

1964 年の新潟地震以降に液状化現象が注目されるようになったが、地面に流れ出した噴砂については、地震発生直後に誰もが観測できる。しかし、噴砂を供給した本来の砂層や、地下を上昇する過程の噴砂についての知識は乏しく、従来は地下のボーリング調査資料からの推測に留まっていた。しかし、遺跡で液状化跡が見つかった場合、地下を掘り下げて地層の断面を観測できるので、これまで不明だった次のような基礎的な事実が把握できるようになった。(中略)
　礫を多く含む砂層で液状化現象が発生しているが、地下水と一緒に砂や礫が上昇する際に大きな礫は取り残されている。この場合、地表での観察だけで判断すると、礫が含まない砂層で液状化が発生したことになるが、実際はそうではない。このように、液状化現象が発生した地層が流動化して、噴砂が地上に達するまでを連続的に観察することによって基礎的な知識が得られる。

その巨大な観察現場を活用するに当たり、大切なことは、何を、どのように観

察するかであると考える。地下ガスの影響を考慮し、どの地層から、どのような過程を経て、液状化が生じているかを、観察することが必要と考える。

特に、土砂などの動きだけでなく、その動きを発生させる圧力の変化を観察することが重要である。液状化現象の調査は、液状化が発生した地表付近の地層だけでなく、その地層に影響を及ぼした深い地層まで、実施しなければならない。そのような調査により、どのような過程を経て液状化が発生するか新たな事実が確認でき、液状化の未解明課題がより明確になると考える。

(b) 遺跡からの知見と示唆

寒川氏の「遺跡に見られる液状化現象の痕跡（地学雑誌）」（注3-3）及び「遺跡で検出された地震痕跡による古地震研究の成果（活断層・古地震研究報告）」（注3-4）を含め、遺跡調査結果報告には、興味深い事例が多く記載されており、以下の4点に関して記す。

ⅰ) 砂礫の噴出

遺跡の発掘調査では、噴出した砂礫の痕跡を検出することは珍しいことでない。以下は、「遺跡に見られる液状化現象の痕跡」からである。

　香川県高松市の松林遺跡では、幅約50cmの割れ目内を最大径12cmの礫が上昇しており、多くの礫は長軸を上下に向けるように再配列していた（中略　その他の実績が記載される）。

　液状化した砂礫層から採取した試料の粒径加積曲線を書き入れると、A（「特に液状化の可能性あり」）・B（「液状化の可能性あり」）の範囲を超えてしまう。これは、表層の地質や地下水の条件に加えて激しい地震動の存在によって、A・Bの範囲外の粗粒な地層でも液状化しうることを示している。このような事実は、今後、液状化しうる粒度組成を考える上で留意すべきであろう。また、逆に、A・Bの範囲外の地層が液状化している場合、粒度組成以外で「特に液状化しやすい、いくつかの条件」が整っていたはずである。

液状化するか否かは、単純に平均粒径で判定することはできないが、簡略化のため、平均粒径で比較する。図3-1に、「液状化した地層の粒径加積曲線とその

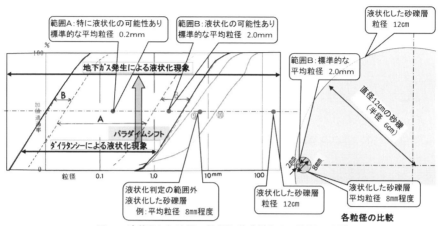

図3-1 液状化した地層の粒径加積曲線とその粒径の比較

粒径の比較」を示す。範囲A（特に液状化の可能性あり）での平均粒径が0.2mm、範囲B（液状化の可能性あり）での平均粒径が2.0mmであるのに対し、液状化した地層の平均粒径は8mm程度で大きい。粒径加積曲線には示されていないが、最大粒径12cmの礫も上昇しているようであり、噴出した砂礫は、我々に色々な情報を提供してくれる貴重な痕跡である。未だ、留意されていない「**特に液状化しやすい、いくつかの条件**」とは、「地下ガス発生による地下水圧の上昇」が、最も大きな要因であると考える。

ⅱ）　液状化による地層の変形

　ここでは、「液状化した地層」の変形と「液状化した地層を覆う地層（低透水層）」の厚さの関連性について、記す。先ず、「液状化した地層」の変形である。

　図8（図3-2-1参照）は、門真市と守口市の境界にある西三荘・八雲東遺跡のもので、1596年の伏見地震によって生じたと考えられる液状化の痕跡である。Ⅱ層（中粒砂層）で液状化が発生し、Ⅰ層（粘土～極細粒砂層）を引き裂きながら噴砂が流出していた。そして、Ⅱ層上部の厚さ30～50cmの範囲（Ⅱ1層）で地層の変形が著しく、擾乱（じょうらん：意味は「乱れること」）構造（コンボルート葉理）・柱状（ピラー）構造・皿状（ディッシュ）構造など、地層の流動に伴う特徴的な構造も顕著に認められた。

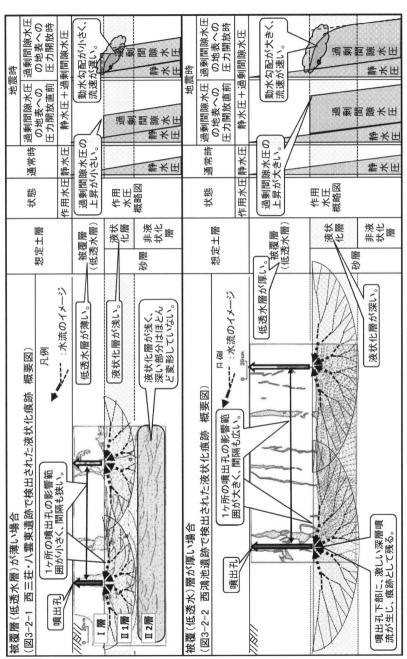

図3-2 被覆層厚さによる液状化現象の違い

しかし、それより下位（Ⅱ2層）になると堆積構造がよく残されており、液状化現象に伴う地層の乱れは微弱であった。この現場では、さらに2～3m下方まで発掘が及び、砂礫層が厚く堆積していたが、堆積構造がよく保存されており液状化に伴う顕著な変形は認められなかった。

　同じく、「液状化した地層」の変形が記されているが、「液状化した地層を覆う地層（低透水層）」の厚さの違いによる、その変形の違いが記されている。

　図9（図3-2-2参照）は西三荘・八雲東遺跡から約4km南に位置する西鴻池遺跡で検出されたもので、伏見地震によると考えられる液状化の痕跡が認められた。地層の状況は、図8（図3-2-1）とよく似ていたが、液状化した地層を覆う粘土～極細粒砂層が倍近く厚かった。
　ここでも、中粒砂層で液状化が発生して、粘土～極細粒砂層を引き裂きながら噴砂が上昇していたが、液状化に伴う変形は広い範囲に及んでいた。この痕跡では被覆層が厚く、これを引き裂いて噴砂が流出するまでに間隙水圧が高まり続け、地層の変形を大きくしたものと思える。

　以上の記載を、水圧変化の視点で見れば、「図3-2 被覆層厚さによる液状化現象の違い」の通りであり、以下説明を加える。
　深層の圧力上昇が上層に伝わり、「液状化した地層を覆う地層（低透水層）＝被覆層」下の過剰間隙水圧が上昇する。その被覆層が薄い場合は、低い圧力でその層が引き裂かれるため、容易に噴出が生じる。そのため、その過剰間隙水圧による動水勾配は小さく、地下水の流速も遅く、その影響範囲も浅く、変形の範囲は狭い。逆に、被覆層が厚い場合、過剰間隙水圧が高くならないと、引き裂かれない。したがって、動水勾配は大きく、流速も速くなり、影響範囲は深く、変形範囲は広い。
　動水勾配（i）は、第五章の参考5-1：〈透水係数とダルシーの法則〉に記すが、任意の2点間の圧力差（H）を、その距離（L）で割った値（動水勾配 i）であり、図3-2の下図の方が、圧力差（つまり過剰間隙水圧差）が大きいため、動水勾配が大きくなり、激しい深層噴流が生じる。

「液状化した地層」は、攪乱構造・柱構造・皿状構造などの地層の流動化に伴う特徴的な変形が発生する。特に、「液状化した地層を覆う地層」が引き裂かれた箇所の直下では、上昇した水圧が急激に低下し、その近傍で大きな水圧差が発生し、動水勾配も大きくなり、大きな変形が生じ、その箇所より離れると、動水勾配は小さくなり、その変形は不明瞭となる。

低透水層の厚さの違いとして記されているが、厳密には、液状化した層を覆う地層等の透水性の違いである。例えば、同じ厚さであっても、透水性が小さい地層（第五章で示す、限界透気圧が大きい地層）では、層厚が厚い場合と同じようになると考える。

以上のような現象を、それらの痕跡は示している。

> **参考3-1：〈浸透破壊〉**
>
> 多数の砂脈が地表面に向かって上昇する状況に似ている現象は、浸透破壊である。浸透破壊は、これまで、一般には、ダム、堤防などの本体及びその周辺を浸透する水が、土を浸食し、大漏水をもたらし、やがては構造物の破壊を引き起こす「パイピング現象など」として、取り上げられ、研究がなされてきていた。近年は、地下鉄などの深い掘削において、同様な事象が生じており、それらも類似現象として、研究の対象となっている。
>
> ダム、堤防の場合は、その水面側で、急激に水位が上昇し、水圧差によって浸透破壊が生じる。また、深い掘削の場合は、掘削側の地盤面が低くなり、掘削側の水位も低下し、その周辺との間で、大きな水位差が生じることによって、浸透破壊が生じる。一方、地震時の液状化現象は、地震の振動により、地下ガスが発生し、そのガスが上昇し、地中の水圧が高まる。ダム、堤防等で、又は、深い掘削で、水圧差が生じるのと同じように、その地表面との間に生じる水圧差によって、液状化時にも、浸透破壊が生じると考える。
>
> 「X線を用いた土の浸透破壊実験とその考察」（注3-5）の「2、X線透視による浸透破壊現象の観察」に、実験結果で得られた「X線写真に基づく試料の浸透破壊過程のスケッチ」が示されており、その一部を参考にし、「図3-3 浸透破壊過程のスケッチとその過剰間隙水圧の想定（X線写真スケッチを参考にする）」を示す。

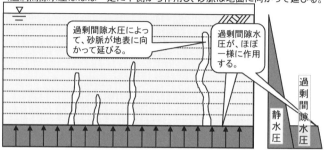

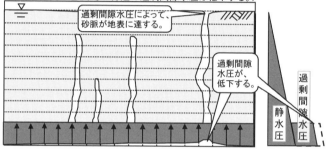

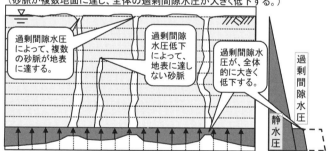

図3-3 浸透破壊過程のスケッチとその過剰間隙水圧の想定
（X線写真スケッチを参考にする）

　このスケッチは、発掘調査で得られた砂脈に似ている。まさしく、液状化現象は、浸透破壊の一例であり、水圧上昇等の条件が揃った場合、生じるのである。また、垂直方向に延び、表面に到達していない砂脈も、遺跡の調査などで確認されており、本スケッチにも同じような状況が描かれているが、

近傍の砂脈が地表に達し、その付近の過剰間隙水圧が低下することにより、砂脈が延びなくなることによると考える。

ⅲ）間欠的な変化

「富山平野の北西縁で検出された地震の痕跡（活断層・古地震研究報告）」（注3-6）では、砂脈が間欠的に変化したと報告されている。以下その抜粋である。

手洗野赤浦遺跡では、第3図（省略）に示すように、砂脈内の砂の粒度組成が特徴的に変化している。この粒度組成の変化は、液状化現象の発生から終結までの間に、砂脈内を上昇する地下水の流速が間欠的に変化したことによると推定される。
この図では、砂脈の右上部を除く部分が液状化に伴う噴砂流出の最終段階で、砂脈内部を充填していた砂粒（一つ前の段階で砂脈内を上昇した噴砂）を押し上げながら上昇し、砂礫から極細粒砂へと粒径が変化している。

液状化は間欠的な変化をしている。この原理は、以下の通りと考える。間欠泉と液状化は類似現象であり、対比して示す。
①双方とも、地下ガスの発生がある。液状化は、地震による一時的な地下ガス発生で、間欠泉は、継続的なほぼ一定の地下ガス発生である。
②間欠性は、双方とも、地下ガス等が一時的に滞留される地層構造の特性によって生じる。
③噴出物は、液状化では、地表の比較的近いところに土砂があるため、土砂及び地下水であり、これまで、あまり重視されていなかったが、ガスがある。一方、間欠泉では、ガスが地下の深い箇所で発生し、地下水及びガスのみが地表に噴出し、土砂は噴出しない。
　第六章に、間欠泉の原理を示す。

ⅳ）史料以前の痕跡

遺跡調査により、文字として記録に残っていない地震が明らかになってきている。その事例を示す。「地震の日本史―大地は何を語るのか―（寒川旭）」（前出、注2-6）の「第1章　縄文時代～古墳時代」に、日本最古の液状化遺跡について、

以下の通り記されている。

　縄文時代の遺跡が少ない近畿地域だが、若狭湾に注ぐ由良川北岸の舞鶴市志高遺跡では、縄文時代早期の住居跡（約7000年前）が検出されている。そして、京都府埋蔵文化財調査研究センターの調査では、縄文時代前期前葉の地盤を引き裂く幅数センチの砂脈が数多く発見された。前期中葉の地層に覆われており、京都府北部が五千数百年前頃に激しく揺れたことを示している。

　砂脈等は、過去の地震の激しい揺れ等を、我々に提供する貴重な資料である。本章の最後に、参考3-6〈地質学上（数千万年前）の液状化と流動化〉を記すが、これらも、地質学的に貴重な、史料以前の痕跡である。

（2）　現位置調査
　地震考古学以外にも、液状化した深い部分の地盤調査により、その現象を正確に把握しようとする試みが実施されている。
　一つの方法が、トレンチを掘削し、その断面等を直接目視で観察する等により、液状化を解明しようとする試みである。比較的浅い地盤の調査で採用されている。
　もう一つが、ジオスライサー調査であり、その地層状態を面的に観察するために、鋼矢板を用いて、液状化した層を深い部分まで連続的に採取し、調査する方法である。この調査は、アメリカで実施されたが、近年日本でも実施されている。比較的深い地盤の調査において採用されている。ジオスライサー調査により、液状化した層の変形構造を解明し、液状化プロセスを検討することが可能となるとされている。
　東日本大震災で千葉県の東京湾岸沿いの埋立地、特に、浦安から千葉市にかけての範囲で、液状化による大きな被害が生じた。同一地域の類似地盤でも、場所により液状化被害に違いがあった。その被害の違いを調査するために、ジオスライサー調査が採用された例がある。興味深い現象を捉えているが、未だ課題が残されている。以下その内容を紹介する。
　「平成23年（2011年）東北地方太平洋沖地震による液状化―流動化現象と詳細分布調査結果―第6報　平成25年度地層断面調査結果速報（千葉県環境研究セ

ンター)」(注3-7)に、調査周辺の液状化が一様でなかったこと、また、その調査の目的が記されている。

　東日本大震災では、東京湾岸埋立地において、局所的に大量の噴砂・噴水を伴う著しい液状化－流動化現象が発生し、30cmを超える沈下が発生しました。この大きな沈下は、幅10～50m、長さ20～100mの局所的な範囲で発生し、その周辺は大きな沈下が見られず、埋立地内にコントラストを持って班状に分布しました。従来にないこのような現象については、どのような地質環境条件のどのような部分で発生したのかを明らかにすることが、今後の同様な被害の予測や対策を考えるうえでの第一歩となります。
　このため、このような被害があった千葉市美浜区の公立小学校内において、そのメカニズムを検討するため、この現象が著しい部分から軽微な部分にかけて数か所で、3～6m間隔に、深度4～8mまでの地層をそっくり採取し、液状化－流動化部分を特定し、人工地層の地層構成との関係を検討する地層断面調査を行いました。

　調査結果のポイントが示され、その後に、「液状化－流動化現象に関するまとめ」に興味深い報告がなされている。

　液状化－流動化部分は、主に埋立上部層内に限定される。このうち、下部の泥層の下位に接する砂層中には広くみられた。同様な現象は千葉県東方沖地震時にも他の場所でみられ、このことは、泥層は軟らかく地震時には加速度によって大きく変位する（動く）のに対して砂層はそれほどでもないためこの境界に沿って歪が起こり液状化しやすいと考えられる。また、泥層は難透水性であり、水圧が高まりやすいことも関係しているものと考えられる。

　「液状化－流動化部分は、・・・下部の泥層の下位に接する砂層中に広くみられた」とある。この原因は、既に述べてきたように、「地下ガス発生による地下水圧の上昇」であると考える。つまり、「下部の泥層」が「低透水層」であり、その層がガス等を一時滞留させ、「下位に接する砂層中」の「水圧が高まり」、液状

化が発生したと考える。

▼3.2 液状化の不思議

　液状化時、土砂と地下水が一緒に噴出するだけでなく、特徴的な不思議な現象が生じる。その一つが、これまでほとんど認識されていなかった「ガス発生」である。この「ガス発生」の特徴的現象を示すと共に、遺跡調査以外からも、色々な不思議な現象が確認されており、「地下ガス発生」とそれら現象の関連性を記す。
　"すべての原点は「地下ガス発生」である。"

（1）　地下ガス発生

　地下ガスが発生したとの証言は多くはない。地下水の噴出が、衝撃的であるのに対し、地下ガスの噴出は目には殆んど見えない。そのため、地下水の噴出証言のみが、数多く残されているのではないかと考える。以下、ガス噴出の証言等を示す。

（a）新潟における地震

　新潟地震以前、同県三条市で発生した「越後三条地震」(1828 年) で興味深い記載がある。まさに、地下ガスが噴出したのであろう。その記述を再掲するとともに、どのような現象であったかを推定する。

　脇川新田の幸蔵という者の家の前に深さ約三間（一間が約 1.8m、三間は約 5.4m）の井戸があった。ふだん下男下女が水を汲むと、そのあとは汲み桶を井戸におろし、それにつけてある綱のはしを井戸枠に結びつけておく習慣であった。地震のとき、この汲み桶が、井戸の中に人がいて投げ上げたように、井戸枠の上三～四尺（一尺は約 30cm、三～四尺は約 90～120cm）の高さにとび上って、落ちるや否や井戸水が湧き上り、枠を越え、そのために汲み桶も流れ出し、縄の長さ一杯にのびきるまで流れ出した。主人の幸蔵が、翌朝、井戸の所に行ってみると、湧き出した白砂があたりに一杯で、井戸をのぞくと、水位はもと通りになっている。石を投げこんでみると、水底までの深さは地震前より深くなったようで、その上、水の味も前よりよくなったということである。

これが事実であれば、犯人は地下ガス以外に考えられない。ただし、地下ガスは、井戸深さ三間、井戸枠の上三～四尺で、三間プラス三～四尺（約6.5m）も桶を投げ上げてはいないと考える。その現象の推定は以下の通りである。
①地震の振動により、地下水中の溶存ガスが遊離ガスとなる。
②井戸周辺の地盤の高さに比べ、井戸底が深いため、地下水及び地下ガスが流れ込みやすい条件となっている。したがって、「地下ガス発生による地下水位の上昇」により、最初に地下水が井戸内に流れ込む（この現象は、井戸内であり、その時は目視で確認できなかったと思われる）。
③「**落ちるや否や井戸水が湧き上がり、枠を越え**」とあり、桶が飛び出した直前には、井戸枠近くまで地下水は上昇していた。つまり、桶は井戸枠の下まで地下水によって上昇していたため、飛び出した実際の高さはあまり高くなかったと考えられる。
④地下ガスは井戸内の水の中で浮力を受け水面上に噴出し、その地下ガスの噴出の勢いによって、桶はあたかも井戸の中で人が投げ上げたように飛び出す。
⑤さらに、圧力の高まった地下水が噴出する。そのとき、井戸底の砂を巻き上げて井戸枠外に流れ出る。
⑥遊離ガスが概ね放出されると、圧力が通常の状態に戻り、水の噴出が止まり、水みちに変化が生じたものの、通常の水位に戻ると共に、噴出された砂の分だけ、井戸底が下がった。

なお、三条市脇川新田は、長岡市中心の約10km北方で、『日本油田・ガス田分布図』によれば、長岡産油・産ガス地帯に属する「藤川ガス田」に位置しており、地下ガスが影響していた可能性を示している。

（b）南海大地震

南海地震は、1946（昭和21）年12月21日発生。土木学会は現地に調査団を派遣し、1947年8月発行の「南海大地震災害報告」（注3-8）で、報告している。「河川、道路、橋梁」の「2、河川被害、3）渡川（四万十川）築堤」に、以下が記されている。

> 河口から6～7km上流、震災の最も激甚であった中村町付近の渡川並びに支

流後川の築堤は大被害を受けた。堤体は河底の土砂を以て築かれている。渡川の被害箇所の延長は約3kmであるがもと池のあったところに設けられた約1kmの間は数条の亀裂と共に大沈下を起し、川底からメタンガスを噴出している。

　この箇所の踏査は、震災後、3週間以上経っていた。大量のメタンガスが地下に賦存しており、その地下ガスが噴出していたと推定される。

（c）関東南部（1257年）の地震
　理科年表の「日本付近のおもな被害地震年代表」の番号44の「関東南部地震」に、その地震の状況が記されているが、それは吾妻鏡の内容に似ており、吾妻鏡から引用されたものと思われる。吾妻鏡の訳本、『現代語訳吾妻鏡』（注3-9）の「14 得宗時頼建長五（1253）年〜正嘉元（1257）年」に、以下の通り、当時の地震の様子が描かれている。

　正嘉元（1257）年八月二十三日乙巳。晴れ。戌の刻に大地震。（中略）諸所で地面が割れ水が噴き出した。中下馬橋の辺りの地面が割れ、その中から炎が燃えだした。（炎の）色は青という。

　「地面が割れ、その中から炎が燃えだした」とあり、鎌倉でもガスが噴出した。鎌倉は、『日本油田・ガス田分布図』では、ガス田地域には分類されていないが、「推定・予想産油・産ガス地帯」である。なお、「中下馬橋の辺り」とは、現在の若宮通りで、鎌倉駅にも近い。まさしく鎌倉の中心部で、ガスが噴出した。
　「神奈川県における温泉付随ガスの実態調査結果（第1報）（神奈川県温泉地学研究所報告）」（注3-10）に、この付近のガス調査結果が報告されているが、『日本油田・ガス田分布図』に関して、以下のように記されている。

　地質調査所（1976）の区分は、当時の情報をもとにガス田として操業できる可能性を探るために作成されたものであり、メタンガスが湧出しない範囲を示すものではない。

鎌倉に関する調査結果のポイント：

調査した18本中、1本が鎌倉付近の源泉No.11である。このNo.11の掘削井戸の深さは、1,000m以上で、その調査結果が「温泉付随ガス測定結果」の項で報告されており、メタン濃度等、以下の通り。

深度：1,200m、泉温（℃）：30.4、そして、メタンガスは、92.4％

鎌倉では、地震が発生した場合、地下ガスが噴出する可能性が低くないことが、この調査結果からも、十分に推定できる。なお、メタンガスは、約5％以上の濃度で、火気があると爆発する。したがって、非常に危険な濃度のメタンガスが地下に潜んでいることが分かる。

ただし、理科年表には、「炎が燃えだした」の記載はない。なぜ、記載がないかは、明らかでない。

（２）　急激な地下水位上昇

地震時、地下水が低下する現象が報告されているが、地下水の上昇も報告されている。古文書にも多数、証言が残され、日本のみならず、海外でも報告されている。

（ａ）新潟地震（「昭和39年新潟地震震害調査報告」より）

色々な証言で残されているが、「川（昭和大橋付近の信濃川）の中心はサボテンの柱のように高さ１mあまり黒い水柱がふき出していた」に代表されるよう、各所で異常な地下水の噴出が確認されている。

（ｂ）福井地震

福井地震に関しては、既に記しているが、戦後間もなく、福井市を含む九頭竜川下流流域で激震が発生した。新潟地震に比べ、その記録は、時代の違いによるのであろうか、多くは残されていないが、新潟地震に類する液状化被害が生じていた。その被害状況は、福井県の福井震災誌に、記されている。興味深い報告が多数あるが、ここでは、一文のみ紹介する。

噴出する地下水が氾濫し、一夜のうちに洪水のような光景を呈した地域もあっ

た。(以下省略)

(c) 南海大地震(「南海大地震災害報告」〈前出、注3-8〉より)
「河川、橋梁、鉄道の章、2、河川被害、5) 高梁川堤防」に、以下の通り記されている。

　地震により堤体は大亀裂(縦走)を生じて沈下し、堤防から約100mの間に大小様々の亀裂を発生し、民家の床下から劇しく湧水した。

　なお、南海大地震では、地下水低下が一つのテーマとなって報告されているが、この記載のように、異常湧水も報告されている。地下水位の変化等に関しては、第四章で、詳しく記す。

　これらの地下水位上昇は、「ダイラタンシーによる地下水圧の上昇」だけでは説明できないと考える。「地下ガス発生による地下水圧の上昇」が発生していたと考える。

参考3-2：〈新編日本被害地震総覧〉(注3-11)
　「新編日本被害地震総覧」は、日本における過去の地震を古文書等より、調査した総覧であり、非常に有用な過去の情報を得ることができる。
　その情報の中には、地震規模だけでなく、液状化被害も記載されている。その記載の中には、古い地震であるにもかかわらず、液状化被害が「数値」で表わされている事例もある。その代表的な事例を以下に記す。
　(番号は、同書の分類番号である)

① 223　1804年　象潟地震 M = 7.1
　酒田付近では地割れが多く、井戸が1丈 (約3m) も噴出し、津波ありという (液状化らしい記述もみられる)。
② 235　1828年　越後地震 (三条地震) M = 6.9
　激震地域は、信濃川流域の平地で1964年の新潟地震のときのように、地

割れから水や青い砂を噴出したり、建物が土中に3～4尺（1m前後）ゆりこんだり（流砂現象）という記事が見られる。
③ 248　1847年　善光寺地震M＝7.4
　屋代では、潰34、死12～13。上田では、潰約10。別所温泉が止まり、松代加賀井の湯口は、24日夜は6尺（約1.8m）、25日は、3尺（約0.9m）、26日は、5～7寸（約15～21cm）の高さまで噴き上げた。

　上記3事例の地域は、全てガス田地域に分類されている。一方、液状化したとの記載はあるものの、数値を持った記載がない例が多い。つまり、液状化は小規模で、ガスの影響はあまり受けていない液状化であったとも考えられる。

参考3-3：〈日本の液状化履歴マップ〉（注 3-12）

　これまでの日本での液状化の実績を分析し、掲載している。新編日本被害地震総覧同様、有用なデータである。興味深いデータの一つを記す。
　液状化が生じた地震で、かつ震源モデルが提案されている地震のマグニチュードと断層面から最も遠い液状化地点までの距離が整理されている。震源から100km以上で、複数回最遠部で液状化が生じている地点は、山形県遊佐町、秋田県八郎潟堤防（地点としては同一でない）、岩手県花巻町の3ヶ所である。『日本油田・ガス田分布図』によると、山形県遊佐町と秋田県八郎潟堤防は、ガス田地域に分類され、岩手県花巻町（現花巻市）の場合、近郊に煙田ガス田があるものの、花巻市内はガス田地域でない。しかし、「日本の天然ガス資源とその開発」（前出、注2-2）によると、岩手県の項の最後に、「花巻市内からもガスの兆候が知られているが大した期待はかけられないようである」と記されている。そして、東日本大震災でも、花巻市内では、震源から離れているにも拘わらず、液状化が生じている。花巻市を含め、この3地点は、ガス賦存地域であり、液状化発生の特異点であると考える。
　地下ガスを含め、震度・土質条件等も考慮した分析により、液状化発生のプロセスが解明され、その解明により、地下ガスによる液状化発生地点が想定出来れば、液状化だけでなく、地下ガス噴出による他の被害発生予測が可

能になると考える。地下ガス噴出による他の被害に関しては、第六、七章にて、後述する。

（3） 砂礫の噴出

砂礫の噴出に関しては、「遺跡からの知見と示唆」の項で、既に記したが、遺跡だけでなく、近年の地震においても発生している。

阪神大震災時に、神戸ポートアイランドで、砂礫、巨石が噴出した。「特集 液状化・流動化」の「阪神淡路大震災（1995年）2、神戸・阪神間の湾岸埋立地（クボタの企業PR誌『アーバンクボタ』）」（注3-13）に、以下の通り記されている。

この噴礫現場では、水と礫と空気が噴出物の主体となっていますが、砂、泥を伴っている場合もあります。つまり、空気を含む三相流体であったと思います。

空気を含む三相流体が砂礫の噴出原因と考えているようであるが、具体的に述べられていない。それらは、「地下ガス発生による地下水圧の上昇」が原因と考える。

（4） 長時間噴砂

（a）鳥取県西部地震

「平成12年鳥取県西部地震における液状化被害（土木学会第56回年次学術講演集）」（注3-14）によると、以下の通りであり、翌日まで液状化は生じている。

昭和町では、ほぼ全域にわたり液状化が発生しており、至る所に噴砂が生じていた。同地区で発生した噴砂はシルト質の砂であり、地震発生翌日になっても液状化に伴う噴砂現象が継続したと報告がなされている。

（b）東日本大震災（東北地方太平洋沖地震）

千葉県環境研究センターの報告で、東日本大震災の時、3月12日16時頃まで、つまり、地震の翌日まで「**砂混じりの噴水が続き、沈下も進んだ**」と記されている（参考3-4、〈液状化現象の経過〉に記す）。

深い地層で溶存ガスが遊離し、その後、ガスが地中を上昇するのに時間を要す。特に、低透水層がある場合、一時的にその層下に滞留されることにより、その噴出までに時間を要すると考える。

（5） クレーター

クレーター（噴出孔）は、大地震の後、液状化現象の代名詞のように言われ、地震後に観察されている。しかし、これまで、この色々な形状のクレーターが、液状化によってどのように出来たのか、ほとんど説明されていない。沢山の画像が数多く公表されているが、その説明は「序章」でも示しているため、ここでは割愛する。色々な形状のクレーターは、地下ガスの噴出が影響している。このクレーターに関しては第四章で後述する。

（6） 再液状化

再液状化は日本各地で確認されているが、海外でも発生している。ニュージーランドでの例、「ニュージーランド・カンタベリー地方で発生した一連の地震における液状化被害（生産研究）」（注3-15）を示す。その「5．まとめと謝辞」で、以下の通り記されている。

　液状化による噴砂の量は、2011年2月 Christchurch（クライストチャーチ）地震が最も多く、関連する被害も最も顕著であった。2010年 Darfield 地震と2011年6月13日の余震による液状化程度は同程度であった。
　液状化の発生は Avon 川沿いに集中しており、同河川周辺に分布する旧河道に堆積した地盤が液状化したと考えられる。また、2010年 Darfield 地震から現在までの余震により、著者らは少なくとも4回の液状化を同一箇所で確認した。

なぜ、同一の場所でこのように液状化が再発しているか、そのコメントはない。液状化は、単に「ダイラタンシーによる地下水圧の上昇」によって生じるのでなく、「地下ガス発生による地下水圧の上昇」が大きく起因している。「ダイラタンシーによる地下水圧の上昇」によって、地下水が噴出するのであれば、地盤は締め固められ、上記のように、4回も液状化が同一箇所で生じることはないであろ

う。何回も液状化が生じているのは、液状化のたびに、地下ガス発生により地上の構造物を破壊するように、地盤も破壊しており、再液状化を起こしやすくしている証拠の一つと考える。

　また、地下ガスが噴出していれば、地下からその噴出孔まで、「ガスのみち」または「水のみち」ができる。地震時の活断層のように、その地層内に地下ガスまたは水が流れやすい「みち」が残る。その後、地震が発生し、再び、その「みち」を地下ガスまたは水が流れると考える。同じ場所で再液状化が生じる原因の一つである。

　旧河道、旧湖沼等で液状化が生じるのは、地表面が液状化しやすい土砂で埋立てられていることも原因であるが、過去において、河道であり、また、湖沼であったため、周辺地盤より、その地盤面が低く、地下ガス発生により高まった圧力が噴出しやすく、埋立てられる前に、液状化が発生していたと考える。我々は、河道、湖沼には水があり、液状化が発生した事実を目にしていなかっただけであり、「ガスのみち」「水のみち」は、埋立て前からあったと考える。河川等の水面から、地震時大量の泡が発生していたことは、多数報告されている。その泡は、「液状化発生の証拠」であり、今後、調査し確認する必要があるが、泡が発生したその水面下に、その「みち」の痕跡があると考える。

　工事に関連して、地盤を調べるために、ボーリング調査が行われる。そのボーリング孔は放置しておくと、その地盤の弱部になり、その後の工事等でトラブルの原因となる。したがって、ボーリング調査後は、その孔をセメントミルク等の充填材で埋戻すことが重要であるとされている。

　類似の現象が、液状化で発生する。液状化で、ボーリング孔に似たような弱部が、深い地層にできる。液状化によって生じた地盤の弱部を調査することは、現在の技術では容易でないと思われるが、過去、液状化現象が生じた地域においては、その様な弱部がある事、そして「その弱部」が、掘削工事においても、トラブルを発生させる要因になっている可能性がある事を考慮しなければならないであろう。

　クライストチャーチは、地震後既に5年以上経過しているが、その市街地の復興は進んでいない。地震が起きれば、再液状化が生じる可能性を認めているようにも思える。写真3-1は、2016年1月現在、復興が進まないクライストチャー

写真3-1 2016年1月現在 クライストチャーチ市街地

チ市街地の状況である。

(7) 液状化する土層の深さ

 阪神大震災時、神戸のポートアイランド及び六甲アイランドの埋立地で、地下の過剰間隙水圧が観測されていた。多くの地点で水圧の上昇が観測されたが、代表例として、ポートアイランドの深さ33mの沖積層で、49％の過剰間隙水圧比（地震よる過剰間隙水圧1.71kgf/cm²）が記録された。『兵庫県南部地震による埋立地地盤変状調査（神戸市開発局）』（注3-16）の「まとめ」に記載があり、以下の通り。

②地震動の影響で（中略）間隙水圧上昇を多くの地点で観測できたが、地震発生直後の最大値は不明である。③上昇した間隙水圧は徐々に低下する傾向にある。（中略）沈下の進行状況を観測した後に評価することになる（なお、①は液状化に関連しないため、省略する）。

 この観測の主目的は、埋立て地盤の沈下測定であるため、深さ33mの間隙水圧の上昇を観測しているものの、上記の「まとめ」通りであり、液状化に関するコメントはない。

 これまで、深い地層では液状化の影響は大きくないと考えられてきた。しかし、新潟地震の昭和大橋では、地下約15mの深さで地盤強度が低下し、杭先端が沈

下したとも考えられ、地下の深くで発生するガスの影響を受けて、地下水圧は上昇し、液状化が発生する。そして「③上昇した間隙水圧は徐々に低下する傾向にある」と記されているように、地下深くで上昇した圧力は容易には低下しないことを示しており、液状化現象は、単純でないと考える。

▼3.3 液状化現象の比較
（1） 類似事例の比較
　次の2つの液状化の事例の違いは、地下ガスの賦存量の違いであることの証拠であると考える。

（a）鳥取県西部地震
「平成12年鳥取県西部地震における液状化被害」（前出、注3-14）より
地震概要：発生　2000年6月13日、震源　米子南方約20km、深さ9km
　　　　　マグニチュード7.3、最大震度6（境港市、日野町）
　境港市で被害が甚大だったと報告されている。既に「長期間噴砂」で記した通り、昭和町では、地震発生翌日になっても液状化に伴う噴砂現象が継続していた。

（b）芸予地震
　土木学会芸予地震被害調査団による「2001年3月24日芸予地震被害調査報告」（注3-17）に、以下の通り、両事例の比較がされている。

　広島市は地震が発生した場合には液状化危険度が高いと思われている都市の一つである。それにもかかわらず、液状化の発生は限定的なものであった。昨年の鳥取県西部地震における境港市竹内工業団地が新しい埋立地であるのに対し、瀬戸内沿岸では古くから干拓・埋立が行われており比較的古いということ、地盤の非線形化に影響する地震動のやや長周期成分が小さいことが主な理由と思われる。

（c）比較
　地盤条件を『日本油田・ガス田分布図』で確認する。まず、広島県、愛媛県の

瀬戸内海沿岸は、一部を除き、「基盤地帯（炭化水素鉱床の期待できない地域）」であり、ガス賦存の可能性がある「新生代堆積物に覆われた地帯」と判定されている部分は、新居浜市の一部に過ぎない。また、海域は全て「薄い新生代堆積物に覆われた地帯」と判定されている。つまり、ガス賦存の可能性は低い。

　一方、米子市周辺は、『日本油田・ガス田分布図』では、「火成砕屑岩地帯（炭化水素鉱床が期待できない地域）」と判定されているものの、海域、つまり美保湾と中海は「推定・予想産油・産ガス地帯」と判定されている。さらに、美保湾と中海の間の弓ヶ浜周辺は砂州であり、「地域地質研究報告　5万分の1地質図幅　岡山（12）第17号　松江地域の地質」（注3-18）に以下のように記されている。

松江地域及び周辺地域には中新世（新第三紀）**の海成泥質堆積物が広く分布する。それら堆積物に含まれる有機炭素と炭化水素の平均含有量は、**（中略）**要するに、松江地域及び周辺地域においては、中新世海成泥質堆積物を根源とする炭化水素鉱床の賦存**（≒ガス賦存）**が期待される。**

　また、「本邦第四紀天然ガス鉱床の地球科学　第1報　総論」（前出、注2-1）では、この地域も第四紀天然ガス鉱床調査位置になっている。つまり、鳥取県西部の米子市周辺地域は、地下ガスが賦存されている可能性が非常に高い。地下ガスの賦存の差が、液状化現象の差になったと考える。

（2）　同一地域での比較

　2004（平成16）年10月23日に発生した中越地震の液状化の被害状況が、『中越地震による農地の液状化被害』（注3-19）で報告され、以下のように「3．1粒度試験」の項に、液状化が生じた要因に関する考えが記されている。

各地区ともに、同じ圃場内であっても、噴砂が集中的に生じている所と噴砂が生じていない所がある。（中略）**噴砂が生じている所では、生じていないところに比べ、砂分が多い傾向が見られるものの、粒度組成からはどちらも液状化が生じる可能性があると言える。このことは、今回調査を行った他の地区においても同様であった。この試験の結果だけからの判断にはなるが、今回の液状化が生じ**

た要因としては、粒度分布よりも地下水位や堆積状況の違い、あるいは試料採取を行った深さよりもさらに深い位置での土質の違いなどによることが考えられる。

つまり、類似の地質条件及び地震動であった場所でも、これまで発生した液状化現象に、なぜ、違いが生じているかが、課題であり、問題を提起しているのであろう。「**試料採取を行った深さよりもさらに深い位置の土質の違い**」とは、「**深い位置の地下ガスの賦存量の違い**」と考える。

同様のことは、現在の判定方法による液状化の危険度と実際に液状化が発生した履歴からも分かる。

国土交通省北陸地方整備局等が「新潟県内液状化しやすさマップ」(注3-20)を発行している。このマップには液状化危険度と液状化履歴が共に示されている。危険度は、各地域の条件によって、危険度4(可能性が高い)から危険度1(可能性が非常に低い)までの、4つに区分されている。しかし、危険度4と判定されていても、液状化の履歴がない場所もある。また、危険度1と判定された場所で、液状化の履歴が数多くある。つまり、振動、地質等に大きな違いがないにも関わらず、多くの箇所で、液状化被害に大きな差が生じる状況になっている。次に、その特徴的な1例を記す。

長岡・小千谷市周辺は、危険度4から1の判定となっている。中越地震時、多数の液状化が生じた。特に、危険度1にかかわらず、小千谷市桜町・時水地区は、広範囲に液状化が発生した。『地域地質研究報告　5万分の1地質図幅新潟(7)第38号　長岡地域の地質』(注2-21)の「Ⅶ．1　地下資源　片貝-小千谷ガス田（浅層）」によれば、「**小千谷市桜町、時水地区では江戸時代から天然ガスが利用されていたが、1900（明治33）年に桜町でガス井の開発が成功し、小千谷油田の本格的探鉱が開始された**」とある。しかし、その後、ガス井が掘られた記録はないようである。ここは、日本最大級のガス田である南長岡ガス田の南端に位置している。この液状化は、地下ガスの影響と考える。

また、その北側「越路原ガス田」では、日本で最も活発にガス採取が現在進められている。その採掘地域は、小千谷市桜町・時水地区と同じように、危険度1と判定されているが、桜町・時水地区とは、対照的に、液状化は生じていない。

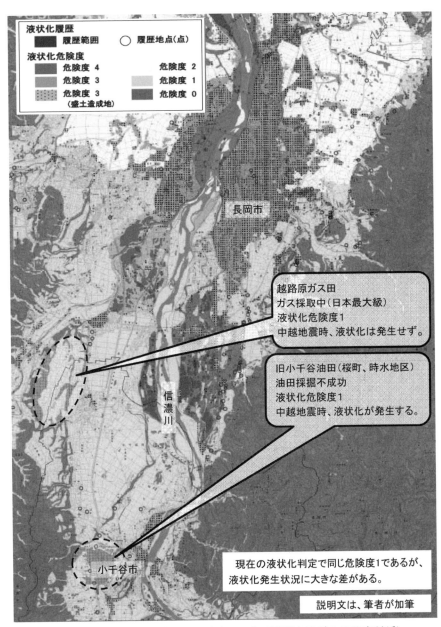

図3-4 新潟県内液状化しやすさマップ (長岡市及び小千谷市付近)
(口絵 5、カラー図 参照)

液状化が生じていない理由は、ガス採取であると考える。図3-4に、「新潟県内液状化しやすさマップ（長岡市及び小千谷市付近）」を示すが、液状化履歴と液状化危険度が必ずしも整合性が取れていないことが分かる。

▼3.4　液状化の真相と再定義
（1）　液状化の真相
「アメリカ北西部カスケーディアにおける地震液状化痕跡のジオスライサー調査（活断層・古地震研究報告）」（注3-22）は、興味深い内容である。先ず、「1、はじめに」に以下のように目的等が記されている。

ジオスライサー掘削調査を行い、地震による液状化の痕跡をとらえた。試料は約8mの連続試料として採取し、液状化による著しい変形構造が明瞭に観察された。本報告では、これまで十分に把握されていなかった液状化した沖積層の変形構造を記載し、その形成プロセスを検討する。

上記報告書には、液状化時の地層の変形構造である貫入構造（ダイク、シル）が摸式地質断面図等（図3-5、写真3-2）に示されている。図3-5「コロンビア川摸式地質断面図」の「地質構造の解釈」に示されているように、地質の変形構造は説明されているが、形成プロセスは詳しくは説明されていない。これは既存のパラダイムに従っているためと考える。ここでは、この報告の調査結果である図3-5、写真3-2等を尊重しつつ、既に示した新たなパラダイムに従って、この液状化現象の形成プロセスを見直す。

（a）変形構造に及ぼす影響の基本的考え方
「ダイラタンシーによる地下水圧の上昇」と「地下ガス発生による地下水圧の上昇」を比べて、どの影響が大きいか。それを比較した試験等は実施していないため、明らかでない。しかし、後者は、深い地下から大量にガスが上昇してくる現象であり、その深さ（＝その位置での圧力）及びその量から判断すると「地下ガス発生による地下水圧の上昇」の影響の方が大きいケースが多いと考える。
地震時以外に、大量の土砂が地表面に噴出することはほとんどない。つまり、

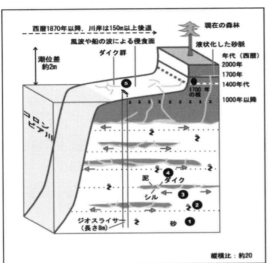
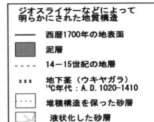

図3-5 コロンビア川摸式地質断面図

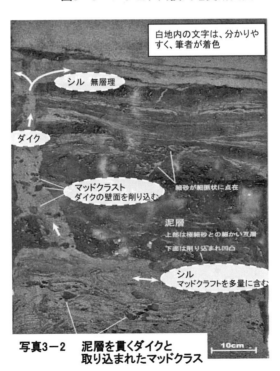

写真3-2 泥層を貫くダイクと取り込まれたマッドクラス

深部からの地下ガス発生だけで、土砂が地表面に噴出するようなことはほとんどなく、ダイラタンシー現象に伴って、土砂そのものの流動性が高まった条件に、「地下ガス発生による地下水圧の上昇」が加わり、激しい液状化現象が生じると考える。つまり、「ダイラタンシーによる地下水圧の上昇」も、液状化現象発生のための重要な条件と考える。

ただし、その条件が揃わなくても液状化が発生する場合もある。例えば、ダイラタンシーでは地下水圧は上昇せず、土砂は締まったままの状態であるにもかかわらず、「地下ガス発生による地下水圧の上昇」が極めて大きい場合、土砂の噴出が生じる。砂礫の噴出が確認されているが、この代表的な例であり、想定される事例を示すと以下の通りであると考える。

事例：砂礫層上部に厚い低透水層があり、その低透水層は容易には破壊されないが、破壊された時の低透水層下部の地下水圧が非常に高くなっている場合、その低透水層下部に蓄えられた非常に高い圧力によって、一気に砂礫が地表面に噴出する。

（ｂ）形成プロセス（＝新たな変形構造の解釈）
各変形構造の形成プロセスは条件により異なると考えるが、上記「変形構造に及ぼす影響の基本的考え方」を踏まえ、ジオスライサー及びその他遺跡調査を通して分かった変形構造の特徴等から、標準的な形成プロセスを示す。

①ダイク
液状化層上部に粘土等の低透水層がなければ、大きな圧力上昇は生じにくく、比較的小規模な液状化現象となる。一方、低透水層がある場合、低透水層が遮断層の働きをし、大きな地下水圧が蓄積されると共に、その地下水圧は、その低透水層の下で大きく水平に広がる。広がりながら、圧力もさらに上昇する。上部低透水層が、その上昇した揚圧力に耐えられなくなった時、低透水層が浮き上がり、引き裂かれるように破壊され、低透水層の中にクラックが生じる。クラックの中を、ガス・地下水及び土砂が上昇し、クラックの周面を削りながら、その幅を大きくし、最終的には土砂が詰まり、砂脈として残る。地質学的に、ダイクである。

②シル
地下水圧の上昇により、低透水層は上側に膨らみ、その直下の砂層は緩く浮遊

したような状態になる。前記のクラック発生により、ダイク発生ポイント（亀裂下端部）の圧力が急激に低下し、そこに向かってその砂層の地下水及び土砂が、水平方向の流れとなって、流れ込む。この水平方向の流れが、地質学的に、シルである。

ダイク・シルとも、遺跡の痕跡にも現れている。

③マッドクラスト

　低透水層等に粘土があると、低透水層が引き裂かれた後、地下水及び土砂の流れが低透水層にある粘土を削るため、ダイクの中に、その粘土の破片が閉じ込められるように残る。その破片が、地質学的に、マッドクラストである。

④ラミナの消滅、変形

　ダイク発生ポイント（亀裂下端部）では、急激に圧力が低下することにより、その箇所で大きな圧力差が生じ、ダイク発生ポイント及びその下方でも、土砂が噴き上げられたように動くため、ラミナは消滅する。ダイク発生ポインから離れると、単に地下水圧が上昇するだけで、変形は生じないため、ほとんどの部分で、ラミナが残ることとなる。主に水平な痕跡として残っている堆積構造が、地質学的に、ラミナである。深層噴流が生じた範囲では、ラミナが消滅したと考える。

　また、ダイク発生ポイントからやや離れると、圧力によって、その層が全体として、波状褶曲的に変形し、ラミナはその変形した形状で残ると考える。

　さらに、低透水層が複数ある場合は、各々の低透水層で同じような挙動が発生するため、その各々の層で、ダイク・シル等が残ることとなる。

　また、地表面付近では、表土が吸い込まれたり、地中ではマッドクラストが逆流したりしている現象が痕跡として残っている。これらは、地下ガスが圧力差だけで上昇するのでなく、浮力によって上昇するため、その地下ガスが地上に抜けた後、その部分が一時的に周辺に比べて圧力が低下するため、逆流が生じる。これが、逆噴流である。

　このような液状化の痕跡であるダイク・シル・ラミナ等は、既に本書で記した通り、寒川氏らによって、遺跡からも多数発掘されている。

　本調査地域は、アメリカ北西部のワシントン・オレゴン州境界のコロンビア川河口付近およびシアトル郊外である。その付近には、現在は採掘されていな

いが、以前、ガスまたは石油が採掘されていたことが、「Areas of Historical Oil and Gas Exploration and Production in the Conterrminous United States」(注3-23、図3-6)より分かる。

なお、「新版 地学事典(地学団体研究会編)」(注3-24)によれば、各々の用語は以下のようになっている。
・シル：地表面に平行かつほとんど水平の板状貫入岩体
　（日本語訳はないが、シルは、英語でSill、貫入岩床と訳されている）
・ダイク：垂直に近い板状貫入岩体（日本語訳は岩脈）
・ラミナ：地層中の肉眼的に観察できる成層構造のうち最小のもの（日本語訳は葉理）

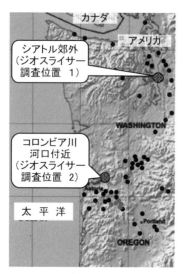

●●：「旧のガスまたは石油井戸」及び「石油井戸」

・各井戸の位置等は概略である。
・液状化発生地点周辺では、ガス賦存している。

図3-6　コロンビア川河口付近およびシアトル郊外ガス田図

参考3-4：〈液状化現象の経過〉

『液状化―流動化現象について―2011年東北地方太平洋沖地震での被害状況と分かってきたメカニズム―（千葉県環境研究センター地質環境室）』(注3-25)に、液状化現象の経過を報告した事例（千葉市美浜区稲毛海浜公園にて観測）があり、その事例には液状化現象経過写真（図3-7〈抜粋〉）も示されている。先ず、経過の要旨は、以下の通りである。

2011年3月11日　14時46分過ぎ揺れ始め、揺れは次第に強くなる。

①14時51分30秒

　噴砂、噴水が始まる。

　約5秒おきに砂混じりの地下水が噴出したり、噴出した水が吸い込まれたりを繰り返した。（A）（参考：写真2）

東日本大震災時、
千葉市美浜区稲毛海浜公園にて

写真2
本震中14時51分30秒すぎ頃に約5秒周期の最大波高数十cmの波打ちが発生し、噴砂・噴水が始まる。砂まじりの黒い噴水は高さ50cm程度。

写真4
本震後14時54分頃　噴水量が増えてくる。

写真5
本震後14時55分頃　連続的に噴水が出始め、芝生が膨らみ、一部がはち切れ、大量の砂まじりの噴水が始まった。

写真6
本震後14時56分頃　大量の砂まじりの噴水が続き、じわじわと沈下がはじまった。

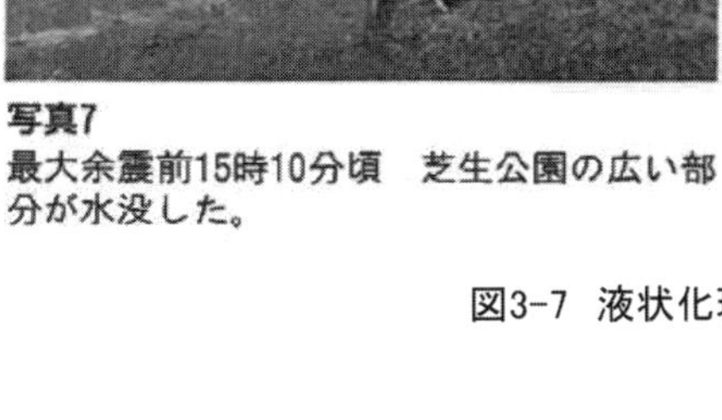

> 本震開始後9〜10分で、噴水量が急増する。

写真7
最大余震前15時10分頃　芝生公園の広い部分が水没した。

写真8
翌日の3月12日16時ごろ。さらに砂混じりの噴水が続き、沈下も進んだ。

> 約1日間かけて、大量の砂が噴出する。

図3-7　液状化現象経過写真

②14時54分頃

　噴水量が増えてくる。（B）（参考：写真4）

③14時55分頃

　連続的に砂混じりの地下水が噴出し、その勢いは急に増加し、芝生が膨らみ、一部がはち切れ、大量の噴水が始まった。（C）（参考：写真5）

④14時56分頃

　大量の地下水が噴出し、じわじわと沈下が始まった。（D）（参考：写真6）

⑤15時10分頃

　この噴水や沈下は30分ほど続き、あたりは一面20～30cm程度の広く浅い池のようになった。（E）（参考：写真7）

15時15分頃最大余震が生じた。再び、地面は波打ち始めた。

16時前噴水が治まる。

　（その後の記載はないが、最終的に以下の通り）

⑥3月12日16時頃

　「砂混じりの噴水が続き、沈下も進んだ」とし、大量の砂が噴出した状況の写真が掲載されている。（F）（参考：写真8）

　次に、上記A～Fに分けて、地下で生じている経過を推定する。合わせて、気象庁の『震度データベース検索』（注3-26）の記録より、この地域で発生した地震概要を記す。

　なお、地震概要は、時間経過の説明を簡略化するため、地震発生2時46分00秒。震度4以上の振動は、記録によれば、約130秒であるが、2分間で終了とする。図3-8に、その経過概要として「地震発生後の液状化と余震」を示す。

（A）地震の振動等により、地下水圧が上昇し、その水圧上昇が地表面に達するのに、約3～5程度の時間を要し、その後、地表面で噴砂現象が生じた。「地下水が噴出したり、噴出した水が吸い込まれたりを繰り返した」ことは、他の報告にも記された現象で、「水が吸い込まれる」のではなく、地下ガスの地表への噴出によって、その様に見えるのである。

　気象庁記録：14時46分、本震。最大震度は、5強、地震継続時間は、震

度4以上で約130秒。ただし、簡略化のため、ここでは、上記の通りその継続時間を2分間とする。

（B）地震終息後、噴水量が増えたのは、地下ガスの上昇に時間を要するためで、大量の地下ガス上昇により地表付近の地下水圧がさらに高まる。

　気象庁記録：本震後、余震が断続的に発生。15時15分の最大余震震度4までの約30分間に震度2の余震が8回。つまり、平均すると約3分程度の間隔で、震度2の余震が発生。

（C）低透水層下にガスが滞留し、地下水圧が上昇。その水圧により、地表面下の低透水層が膨れ、その後、その弱部に亀裂（＝はちきれ）が生じ、その亀裂部より大量の噴水が生じる。

（D）地表面が膨らんだ体積は、概ね、低透水層下に一時的に滞留したガス及び地下水の体積に相当すると考えられる。したがって、亀裂発生によって、噴出したガス及び地下水の体積分が、その周辺の沈下相当分になると考える。さらに、噴水と共に、土砂が地表に噴出される。この土砂噴出体積分も、その沈下相当分として累積されると考える。

（E）低透水層の膨らみによって、低透水層下に生じた間隙等を通って、噴出孔周辺の広い範囲から噴出孔の下方に地下水及び土砂が流れ込み、亀裂（＝噴出孔）を通って、地表に大量に噴出する。この広い範囲からの地下水噴出により、一面が広く浅い池になる。

（F）地下深い部分のガスは、途中低透水層等で一時的に滞留しながら、時間（約1日）をかけて、地表に到達し、ガス噴出に合わせて、噴出孔周辺の地下水と土砂を大量に噴出させる。土砂は噴出孔周辺の広い範囲から流れ込むため、地震直後の噴出量より、その後（約1時間後以降）の方が、はるかに大量であり、沈下も進むと考える。

　気象庁記録：最大余震震度4の後、12日16時までの、約24時間で、最大余震震度は3で、震度2以上、32回。

　クレーターが線状につながった現象が、液状化発生時に生じることがある。上記と同じような経過で、この現象も発生しており、ポイントは次の通りと考える。

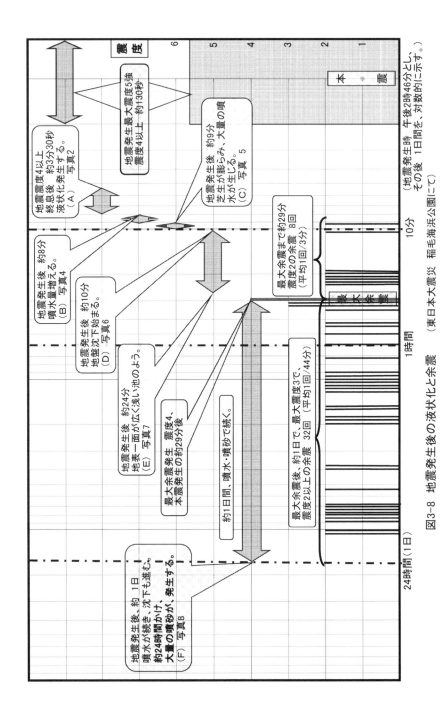

図3-8 地震発生後の液状化と余震 （東日本大震災 稲毛海浜公園にて）

①圧力の上昇により、低透水層が膨らむ。
②その後、亀裂が入るが、その亀裂が地層の膨らみに起因しているため、一枚の板が割れた時のように、地層に線状の亀裂が入る。
③その上部に生じる噴出孔も、同様に線状に発生する。

　この現象は、火山で割れ目噴火が発生した場合に、線状にマグマが噴火する現象に似ている。割れ目噴火に対する基本的な考えが、「広域応力場と伊豆大島の割れ目噴火の関係（日本火山学会）」（注3-27）に、以下の通り記されている。

割れ目噴火にたいする基本的な考えを"マグマが割れ目をつくって出てくるのではなく、割れ目がつくられたからマグマが出されるのである"とした。

　そのメカニズムに類似点もあるようであるが、今後の課題と考える。

（2）　用語の再定義

　液状化現象に関して、各学会で調査研究がされているものの、学会ごとにその用語の定義が異なっている（下記「参考3-5：〈各学会のこれまでの用語の定義：液状化と流動化〉」に記す）。また、液状化現象を新たなパラダイムで捉えるため、用語を明確に定義する必要があり、ここでは、以下の通りとする。

　本書では、引用文での記載を除いて、次章以降、この用語を使用する。

新たな用語の定義３：液状化と液化流動

　液状化：地震動などの繰り返し応力を受けた地層が、粒子間の有効応力を失い（または、小さくなって）、浮遊（または浮遊に近い）状態になること。

　液化流動：地震動などの繰り返し応力を受けた地層が、液状化した状態で、地層の下方から、地下ガス等の影響で、揚圧力を受け、地下水及び土砂等が流体となり、吹き上がること。

　これまで定義されていた「液状化」だけでは、顕著な砂脈は生じないと考えるからであり、液状化と液化流動との大きな違いは、土砂を伴う流体の吹き上げ、

つまり、本書の「序章」で定義した「深層噴流」の有無とする。また、液状化は、地震動による影響だけであり、地震時、基本的に、その地盤は、締め固められる。それに対し、液化流動は、地下ガス等の噴出が生じるため、地震時、基本的に、その地盤は、乱される。

この二つと共に、新たに用語を、以下のように定義する。

新たな用語の定義４：流動化と液化滑動

流動化：地層下方から水圧による揚圧力を受け、土砂等が流体となり、吹き上がること（地震動などの繰り返し応力を受けていない）。

液化滑動：地震動などの繰り返し応力を受けた地層が、液状化または液化流動した状態で、他の外力によりそのバランスが崩れ、地盤が力の作用方向（概ね水平または類する方向）に滑動すること。

この様に定義する意味は、「砂脈」の扱いを明確にするためである。つまり、「液化流動に伴って生じる砂脈」と「地下水の圧力差によって生じる砂脈（＝流動化）」を区別するためである。流動化には、「地震動などの繰り返し応力によらない噴出（自然状態で、被圧されており、その上部にある被覆層が地震動以外の別の要因で破壊された場合等）」及び「掘削による地盤面の圧力低下による噴出」等がある。

この地震動を伴わない「流動化」に関しては、第六章で、実例を示す。

参考3-5：〈各学会のこれまでの用語の定義：液状化と流動化〉

　各々の用語の定義は、現在、各学会で次のように異なる。

①地質学会

「砂岩層中にみられる流動化・液状化による変形構造—宮崎県日南層群の例と実験的研究—（地質学雑誌）」（注3-28）によれば、各々の定義は以下の通り。

流動化：堆積層の下方から流体を吹き上げ、浮遊状態に保つこと。

液状化：地震動などの繰り返し応力などを受けた堆積物が粒子間応力（有効応力）を失って浮遊・流動状態になること。

②土木学会
「道路橋耐震設計基準」の中の1章、1.2用語の定義の中で、以下のように規定されている。

流動化：液状化に伴い、地盤が水平移動すること。
液状化：地震動による間隙水圧の急激な上昇（ダイラタンシー現象）により、飽和した砂質土層等がセン断強度を失うこと。

③建築学会
一般に液状化は、以下のように説明されている。

液状化：地盤内に働く繰り返しせん断応力によって地盤中に生じる過剰間隙水圧が、土粒子を拘束していた初期有効応力と等しくなる結果、有効応力が0になること。

なお、流動化に関する定義は明確には示されていないようである。
　上記3学会とも、流動化に関しては、異なる定義又は定義なしであるが、液状化に関しては、表現に違いがあるものの、類似の定義であることが分かる。

参考3-6：〈地質学上（数千万年前）の液状化と流動化〉

地質学上の液状化・流動化の定義は、上記（注3-25）の通りであるが、上記報告の中で、液状化に関する変形構造等の検討がなされている。その要旨は以下の通りである。

宮崎県の第三系（第三紀）日南層群の砂岩層には砂層の流動化及び液状化によるさまざまな変形構造が見られる。流動化では（1）チューブ状脱水構造（中略）（7）泥岩片の集合体といった大規模な変形は砂層の液状化で説明される。（中略）流動化に必要な水は液状化後の過剰間隙水に由来し、両現象は密接に関連している。

また、本文では、「流動化を起こすためにはある時期に相当量の水が必要と考えられるにもかかわらずその供給源は必ずしも明らかでない」と記されている。
　相当量の水が流動化を起こすと考えているようであるが、その付近にある地下水だけでなく、地下ガスにより大量の地下水が地下から供給され、それが影響していると考えるのが妥当であろう。また、本文の最後に以下のように記されている。

　砂層の液状化・流動化現象の実験堆積学的検討および変形構造の調査研究も現在決して充分ではない。しかし、このような観点から地層に残された構造を見直すことで新たな興味深い問題が今後数多く現れてくるものと期待される。

　この報告に記された「流動化・液状化」は、「液状化」と「流動化」が合体された現象であり、先に定義した「液化流動」であると考える。また、「流動化」の定義の中で「下方からの流体の吹き上げ」との説明があるが、その吹き上げは、地下ガスによるものであり、「下方からの地下ガスの吹き上げ」であると考える。
　第三紀日南層群で液状化が生じていたのであれば、約6,600～2,300万年前に発生していた痕跡である。その痕跡が、地下ガスによる発生と考えれば、色々な地層に残された変形構造の形成過程が今後明らかになるであろう。今後の課題と考える。

第四章

液状化類似現象と変則事例

あらすじより

　液状化（液化流動）現象は、深い地層の影響を受けており、その深い地層を直接調査する事は容易ではない。しかし、液状化（液化流動）の類似現象が発生しており、部分的に検証できる。それらは、科学革新の証拠でもある。

　また、地震前後の地下水や海面の変化が、地震の度に報告されているが、未だ、その現象は科学的には解明されていない。地下水・海面の変動は、砂礫の噴出・長時間噴砂等と同じく、液状化に関連した類似変則事例である。その証拠と変則事例と共に、地下水観測などの課題についても記す。

▼4.1　液状化類似現象の再現
（1）　新潟県北部　天然ガス異常噴出事例

　天然ガスが突如として噴出することがある。これは、液状化（液化流動）の類似現象であると考える。つまり、地震による液状化（液化流動）現象は、「地下ガス発生による地下水圧の上昇」によるのに対し、天然ガスの異常噴出は、振動こそ生じていないが、地中に滞留する遊離ガスの圧力平衡状態が、何らかの原因で崩れ、その上部にあるキャップ、つまり低透水層等を引き裂く等により生じる現象であると考える。

　1969（昭和44）年から、新潟県北部で天然ガスの異常噴出が始まった。『新潟県北部における天然ガス噴出機構の解明と防止に関する特別研究報告書（科学技術庁研究調整局）』（注4-1）に、その噴出状況が報告されている。

　この報告の詳細は省略するが、「Ⅱ　研究成果報告」に、天然ガス噴出の経緯が、以下の通り記されている。まさに、液状化（液化流動）現象の部分的な再現である。

昭和41年6月頃、原因は何であるかわからないが農作物が枯れはじめ、昭和43年夏頃には、被害が顕著になって来た。（中略）その後、昭和46年から昭和47年にかけては、一時小康状態を保っていたもようである。昭和48年2月13日、山王部落わきの水田から、突如としてガスを大量に伴った水が吹き出し、その状況はあたかも泥火山のようであったという。

　また、「総括」で、以下の通り記されている。

　地質調査所の地化学調査結果から、可燃性天然ガスは重炭化水素を含み、この地域において地下1,500m以深に賦存するいわゆる構造性天然ガスと成分上ほとんど変りがない事が判明した。この場合の成分変化としては、噴出の過程において、地下1,500m以浅のいわゆる水溶性天然ガスの成分が混合していること、地表付近における環境変化が、CO_2、M_2ガスを付加していることを挙げている。
　さらに地化学調査結果から、天然ガスの経路はきわめて狭いもので、気体の状態で上昇して来た天然ガスは最も浅い帯水層に侵入してひろがり、地質的に弱い場所から地表に噴出しているとのモデルが提示された。噴出の分布が数カ所に散在しているが、これが地表付近の微細な地質構成の差によるものか、噴出経路が数カ所に分かれていることの反影かは、なお精査を要するところである。

　また、地質に関して、以下のように記載されている。

　高畑・山王の砂丘地帯では、砂丘砂層の直下にある砂礫層を通って地表にガスが噴出しており、高畑・山王・赤川を結ぶ水田地帯では同じ層準と考えられる砂礫層中にガスが貯留（≒滞留）され、そのガスは、砂礫層を被覆する粘土層（≒低透水層）によって地表への噴出がもともとおさえられているものである。

　このガス異常噴出と、液状化（液化流動）で、大きな違いの一つは、地表面付近の砂層等が振動によって、浮遊状態になっているか、否かの違いであると考える。

（2）　地震後（十勝沖地震）のガス噴出事例

　「2003 年十勝沖地震に伴い千歳市泉郷地区に噴出した天然ガスの起源（石油技術協会誌）」（注4-2）に、地震発生時の天然ガス噴出に関して興味深い報告がある。次の通りである。

　天然ガスが液状化した土砂とともに噴出したことなどが新聞、ニュースで報道された。（中略）噴出した天然ガスの起源を特定することと、地震に伴って同様な危険が起こる可能性について知見を得ることを目的に緊急調査を行い、試料を採取して分析を行ったのでここに報告する。

　ここで「**天然ガスが液状化した土砂とともに噴出した**」と記されているが、表現を変えれば、「地震の振動により発生した地下ガスが、地震の振動による地盤のダイラタンシーにより、浮遊状態になった土砂を、地下水と共に地表に噴出した」のでないか。つまり、液化流動現象そのものではないだろうか。
　なお、千歳市泉郷地区は、地質調査所の『日本油田・ガス田分布図』によれば、「推定・予想産油・産ガス地帯」に分類されるとともに、ガスの噴出した地点は、石狩低地と山地部の境に位置しており、次のような地域である。

　古くから地表においてガス徴が確認され、また昭和20年代を中心に飲料用に掘削された井戸から天然ガスが噴き出し、民生用に利用されたとの報告がある。

　また、噴出ガスの起源に関して、調査した結果が、以下の通り報告されている。

　地球化学的に微生物起源とされる２つのタイプの天然ガスが認められた。試料Aについては海成層の影響を受けたものであり、地層が変色していることから地震とは関係ない定常的なガス徴と考えられ、試料B～Dについては非海成層起源のものと考えられる。

　ここで、試料A及び試料B～Dは、各々天然ガスの移動概念図の中に、以下のように説明されている。

①海成新第三系（新第三紀）の追分層に由来する微生物起源ガスの移動経路（A）
②非海成更新統（世）の東千歳層に由来する微生物起源ガスの移動経路（B～D）

　①の追分層のガスは、地震とは関係ない定常的なガス徴が考えられており、地中深くの色々な地層に賦存するガスが、多様な条件の中で、噴出していたことを表す一つの証拠であると考えられる。なお、①の新第三系（新第三紀）は、2,303～258万年前であり、②の更新統（更新統は、地質年代を示す用語で、更新世、最新世、洪積世と同様である）は、258～1万年前の地層である。
　天然ガス移動概念図に、東京周辺で、類似の地震が起き、ガスが発生すると想定し、東京付近の年代区分の地層を記すと、図4-1の通りとなる。東京低地の地下にはガスが賦存しており、条件が揃えば、地震時にガスが発生する可能性がある事を示している。なお、東京低地下の代表的な新第三紀層は、三浦層であり、更新世層は、東京層等である。

　十勝沖地震の震源は、北海道襟裳岬東南東沖約80kmで、マグニチュード8.0。液状化現象も多発した。震央と液状化範囲を、「2003年十勝沖地震による地盤災害について」（注4-3）より、「図4-2　十勝沖地震概要図」を示す。図4-2には、この地域のガス賦存を比べるために『日本油田・ガス田分布図』の区分を合わせて示す。この図より、以下の2点が分かる。
①震央から250kmを超え、この千歳市泉郷よりさらに離れた地点である札幌市清田区の住宅地でも液状化被害が発生している。
②液状化範囲は、ガス田又はそれに類する区分の地域に集中している。
　千歳市泉郷地区のガスが噴出した地点は、標高10m程度であり、図4-1からも分かるように、沖積層地盤ではないため、緩い砂層等はほとんどない。ガスは噴出したが、液状化（液化流動）現象が生じたとは、明確には報告されていないようである。噴出孔付近に、液状化しやすい砂層等があり、かつ、その砂層の下に低透水層があれば、札幌市清田区と同じように液状化（液化流動）現象が生じたと推測される。また、逆に考えれば、液状化（液化流動）現象が生じた地域では、ほとんど認識されていないが、ガスが発生したケースが多いと推測できる。

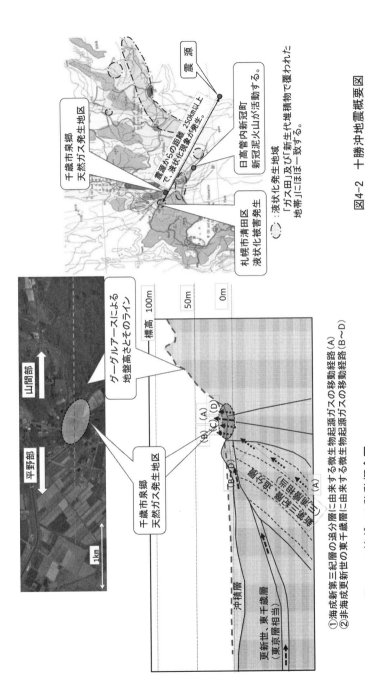

図4-1 天然ガスの移動概念図
（東京付近の年代区分の地層からガスが発生すると想定）
①海成新第三紀層の迫分層に由来する微生物起源ガスの移動経路（A）
②非海成更新世の東千歳層に由来する微生物起源ガスの移動経路（B〜D）

図4-2 十勝沖地震概要図

参考4-1：〈シベリアに謎のクレーター出現とその類似現象〉
　2014年7月、新聞にて、シベリアに、謎のクレーターが生じたと報道された。以下その内容を紹介する。(参考：インターネット情報〈朝日新聞デジタル〉「シベリアに謎のクレーター出現　メタン放出を恐れる学者」より)（注4-4）

　それはまるで、地球の表面にぱっくり開いた口のように見えた（図4-3参照）。
　先住民族ネネツ人の言葉で「世界の果て」を意味するロシア・西シベリアのヤマル地方。（7月）8日、高度100メートルを飛ぶヘリコプターから見下ろすと、地平線まで広がるツンドラの平原に、月面のクレーターのような巨大な穴が現れた。（中略）
　地元政府の緊急要請でロシアの科学者が調査を始めた。穴は直径約37メートル、深さ約75メートル（写真に示された地下水面は地表に近い）であった。その後、同様の穴の報告が相次ぎ、4個が確かめられている。（中略）
　真冬には気温が零下40度まで下がる極寒の地。地中には永久凍土が数百メートルの厚さで広がっている。メタンが多く含まれ、近くには世界有数の

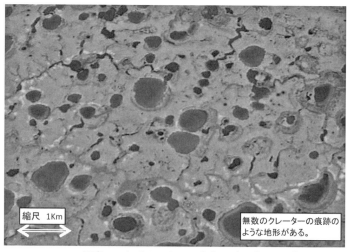

写真4-1　シベリア　ヤマル半島のグーグルマップ

天然ガス田もある。研究者間では「永久凍土が溶け、メタンガスの圧力が地中で高まって爆発した」との説が有力だ。

　このクレーターができたヤマル半島には、ロシアが誇る世界最大の天然ガス埋蔵量を有するガス田がある。この地域には、驚くほど沢山の類似のクレーターがある。この地域のグーグルマップが、写真4-1であり、数え切れない程のクレーターに似た痕跡ある。
　このクレーターを、本書の「序章」で示した図0-1の中の「巨大な単独の噴出孔」と比較すると、形状は極めて似ていることが分かる。この図0-1の巨大噴出孔は、日本海中部地震でできた液状化の噴出孔をモデルとしている。以下、その噴出孔に関する記載を、日本第四紀学会賞受賞記念講演会「土の四方山話、理学・工学それとも理工学」(注4-5)より抜粋する。

　1983年日本海中部地震の後、（中略）緊急現地調査の講演があった。津軽半島の車力村のパラボラ砂丘の内部で直径7mの巨大な噴砂孔が形成され、噴砂は電柱の高さ近くまで吹き上げたのだと言う。
　周囲の砂丘の地下水位は高く、中央の窪地表面が不透水性粘土で覆われ、地下水が被圧しやすい状況にあった。

　低透水層（不透水性粘土）で覆われ、被圧された地下水が1ケ所から集中して噴出すると生じる現象であると考えられる。
　青森県車力村（現在のつがる市）は、上記千歳市同様、地質調査所の『日本油田・ガス田分布図』によれば、「推定・予想産油・産ガス地帯」に分類される。
　また、クレーター出現当初に撮影されたと思われる写真が、インターネット情報「シベリアの巨大穴」(注4-6)に掲載されており、地下水位が非常に深く、以下、その写真に関する説明を抜粋する。

　穴は直径が37メートルの真円状で、穴の側面が下の写真（省略）を見てもらえれば分かるように、まるで鏡のように綺麗に削り取られていることを

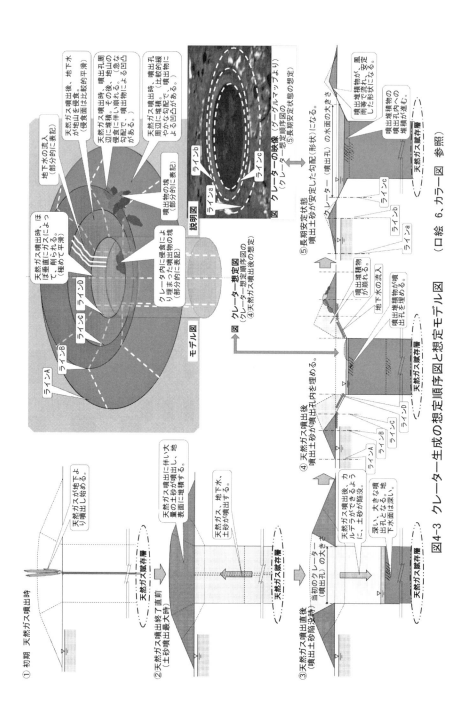

図4-3 クレーター生成の想定順序図と想定モデル図 (口絵 6、カラー図 参照)

考えると、単なる爆発ではなく何か特殊の力が働いたのでは、と思えてくる。

　直径37mと記され、その写真を見ると、その地下水面の深さは、地表から100m以上であると判断できる。しかし、水面以深がどのようになっているか、写真を見ても、分からない。なぜ、このようなクレーターが出来たか分かっていない。
　このクレーターは、次の参考4-2：〈クレーターの成因〉に記すように、内因性クレーターとほぼ同一の成因と考える。「クレーターの生成の想定順序図とその想定モデル図」を図4-3に示すが、その生成順序は以下の通りと考える。
①地中に賦存していた地下ガスの圧力の均衡が、何らかの原因で保てなくなり、ガスが地上に噴出を始める。
②ガスが、永久凍土を削り取りながら噴出し、それに伴い土砂も大量に地表に噴出する。
③ガス噴出直後、噴出孔内に、カルデラができるように、土砂が陥没する。クレーターは深く、削り取られたような側面となる。
④地下水等の流入に伴い、噴出した土砂はクレーター内に崩れ、地下水面が上昇する。
⑤風雨等の影響で噴出した土砂の形状が緩やかな勾配となり、地下水の高さも、周囲と同じになり、噴出した土砂は安定し、崩れなくなる。グーグルアースに現れているクレーター（写真4-1）となる。
　キーワードは、天然ガス田、メタンガス、地下水位及び低透水層（≒不透水層）であり、シベリアの永久凍土は低透水層（≒不透水層）である。
　シベリアにある、それぞれのクレーターの大きさが異なるのは、噴出するガス量によると考える。基本的に、ガス噴出量が多ければ、ガス噴出時、大きなクレーターが生じると思われる。解明しなければならない課題があるが、ここでは、これで留めておく。

参考4-2：〈クレーターの成因〉

　インターネット情報「クレーターの成因と種類」（注4-7）によれば、クレー

ターは、その成因から二つに分類される。外因性と内因性のクレーターである。外因性のクレーターは、隕石等の衝突によって出来るとし、内因性のクレーターに関して以下のように説明がある。

内因性のクレーター（気泡クレーター）
　内因性のクレーターは、当初あった揮発性固体が融けて水と気体（メタンガス？）になり、それらが地表に噴出する過程で出来たものである。（中略）**気体が集まって気泡となり、地表付近で裂けて出来たクレーター。**

　上記説明より、液化流動現象は、「内因性のクレーター」とほぼ同一の成因と考えられる。その説明に倣うと、液化流動現象時のクレーターの発生過程は以下の通りとなる。
　液化流動現象時のクレーター発生過程：
　液化流動現象時のクレーターは、振動等によって、地下水中の溶存ガスが遊離し、水と気体になり（≒**揮発性固体が融けて水と気体になり**）、地表に噴出する過程でできる。地下では、低透水層の下でガスが一時的に滞留し（≒**気体が集まって気泡となり**）、圧力上昇後、ガス圧によって低透水層が引き裂かれ、最終的に地表面を削り裂いてクレーター（≒**地表付近で裂けてクレーター**）を造る。

▼4.2　液状化関連変則事例

　1946年に南海道沖を震源とする巨大な南海地震があり、類似変則事例である地震前後の地下水異常等が詳しく報告されている。

（1）　地下水の変化（南海地震報告より）

　地質調査研究報告「1946年（昭和21年）南海地震前に四国太平洋沿岸部で目撃された井戸水及び海水面の変化」（注4-8）に、地震前後の井戸水位の異常が記されている。
　地震発生の数日前ないし前日から、徳島南部からほぼ高知県全域の海岸部で、井戸の水位が低下していたとの証言をまとめた報告である。代表的例として、土

佐市新居の例を一つ記す。なお、地震発生は12月21日4時20分頃。

本震の前日（12月20日）（中略）夕方（16時から17時頃）、いちばん深い井戸の水はなかった。ロープの先に錘を付けて落とすと、普段はチャプンと音がするが、このときは全くしなかった。常の水深は1.5m〜2mはある。急いで家に帰り、自宅の井戸も見たら、やはり水はなくなっていた。自宅の井戸の水深は3mで、20日の朝（7時頃）には水は汲めていた。八幡様の井戸水も、19日はカラカラではなかった（水はあった）が、地震の前には涸れていたと聞いた。高いところ（山に近いそうだが場所は不明）の井戸水も地震の前になかったそうだ。

　この例を含め、地震前に、地下水の低下現象が多く確認されたものの、すべての地域で確認されているわけではなく、地下水低下は限られた地域で生じている場合が多いようである。
　水位の低下量は、目視で確認されており、数cmのオーダーではない。記録を素直に解釈すれば、数m、あるいは少なくとも1m程度は低下していたと推測できる。
　「2.3井戸水位変化の特徴とまとめ」には、証言の記載があるのみで、考察はなく、最後の「4、議論とまとめ」に記されている内容は以下の通りである。

**　海陽町奥浦では、本震の約16時間前から4時間ほど前までに2mの水位低下、土佐市新居では本震前日の朝（本震の約22時間前）から夕方（約12時間前）までに最大で3mの水位低下が推定された。水位が一方的に低下するのではなく、低下と元の水位に戻るという繰り返しが2、3時間間隔で起きていたという証言もある。本震前に水位が上昇したという証言は1件もない。なお本震前の井戸水涸れは安政の南海地震前にも目撃されている。**

　このように、水位低下と元に戻ることが繰り返し起きたとの記録は古くからあり、興味本位で記録を残したとは思えない。これらの現象が生じていたことを疑わずに認め、その事実を書き残したと思われる。
　図4-4に、「南海大地震調査報告　位置とその概要」を示すが、本図には、「(3)海面等の変化」に示す位置及びその概要も記す。

四章　液状化類似現象と変則事例

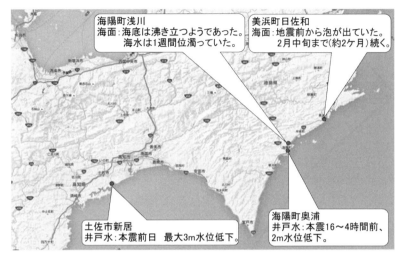

図4-4 南海大地震調査報告 位置とその概要

(2) 地下水位変化の同一性
(a) 急激な地下水位上昇
　既に、第三章で、南海大地震等での急激な地下水の上昇に関する報告を記したが、それら報告にも、地下水位上昇に関する考察はない。

(b) 地下水位変化の同一性
　井戸に関しては、水位低下が観測された例が多く、地表面に関しては、第三章の例のように、急激な地下水位上昇が観測されている。この二つの現象は、相反する現象のようであるが、実際は、同じ原因で生じており、そのポイントは以下の通りと考える。
①地震の振動によって、地下ガスが発生し、地中を上昇する。地下水圧は高まり、地下水位は高くなる。この地下水および地下ガスの上昇が、地表面に通じる水みち等を通って、急激な地下水位上昇となり、地表面において、異常湧水が発生する。「水みち」は「地下ガスのみち」でもある。
②井戸においても、基本的に同じように地下水圧は高まり、地下水位も上昇する。通常の地表面と井戸の箇所とで異なる条件が、二点ある。
ⅰ) 第一に、井戸底が地表面より深くにあり、地下水が流入しやすいことである。

ⅱ）第二に、地下ガスも地下水と同じように井戸内に流入しやすく、また、流速が速くなることにより、井戸近傍でガスが発生しやすいことである。

　二つの条件による影響が重なっている。先ず、高まった地下水圧は、その井戸を通して、解放されやすい。井戸への流入が地下水のみであれば、地下水が流入するだけであり、地下水位が、周辺に比べて高くなるだけである。しかし、地下ガスも流入しやすく、その影響が大きく、次のように地下水位低下が生じる。

　地下水と同じように、ガスで高まった圧力は、その井戸を通して解放されやすいが、水圧差が大きくなると、地下水の流速が井戸近傍で早くなり、溶存ガスが遊離しやすくなり、そのガスは井戸外周面等に付着しやすい。この地下ガスの付着により、井戸外周の土砂またはフィルター部分で、目詰まりと同じ現象が発生し、周辺の地下水位が高くても、井戸内に地下水が流入しにくくなり、地下水位は低下したようになる。

　ただし、単なる地下ガスによる目詰まりだけでは、井戸内の水位は低くならない。井戸底が地盤面より深いため、地下ガスが周辺部分に比べて、大量に流入しやすく、一時的に、井戸坑内より地下水を押しのけてしまう。そのため、一時的に、井戸水位が低下しているように見えると考える。また、地下水位が低下するだけでなく、水位低下と元の水位への戻りが繰り返されているようであるが、これも地下ガス噴出の間欠性によると考える。

　井戸水位の低下の証言が多く、水位上昇の証言がほとんどないのは、次の理由によると考える。

　井戸の地下水位上昇は、瞬間的であり、かつ、地表面より高くならなければ、地下水が井戸から溢れることはなく、通常は、その周辺の人たちは、認識することはほとんどない。一方、地下水位低下は、地下ガスが噴出し、外周部分に目詰まり状態が発生している間、水位は低下したように見える。したがって、証言も多数残されていると考える。

参考4-3：〈現状の地下水位の観測方法と課題等〉
　地震前に、井戸水位が変化することは各地で確認されており、その適確なデータを得るべく、調査・観測等が進められている。その代表的な観測が、

産業総合研究所(産総研)で実施されており、以下に、その内容と課題を記す。
　(1)　地下水ネットワーク
　「産総研　地震地下水観測ネットワーク」(注4-9)に、地下水位観測のネットワークの内容が記されている。
・「1、はじめに」で、以下の通り、その概要が示されている。

　地下水観測、なかでも地下水位の観測は、地下水管理等の各種の目的で多数の観測点が設置されています。また、多くの温泉でも流量・温度等の観測が行われています。そして大きな地震があったときに、地下水の観測データに変化があったという記事が古文書にも記録されており、近年の地震においても多くの報告が積み重ねられてきています(中略)。
　現在では40以上の観測井での観測を続けています。地下水を用いた地震予知研究のための観測網としては、最大規模と言えるものとなった産総研地下水観測網の概要を紹介します。

・「2.2観測井の構造」での説明
　写真・図に、その観測井の構造例が示されているが、古くからの井戸と同じように、「地表部の孔口は開放状態」としており、観測井の地下水面に大気圧が作用する状態となっている。

・「2.3観測機器」での説明
　地下水(地下水位)観測は、従来から多くの井戸で行われてきました。しかし、気象条件や人工的な汲み上げによる地下水位の変動に比べると、地殻変動による地下水位変動は非常に小さいため、高精度な観測機器が必要となります。

　「地殻変動による地下水位変動」を観測することを目的とし、水位の測定精度を1mmとしている。

　上記観測で得られたデータは現在公開されており、そのデータを活用した

観測報告事例と、その課題等を以下に記す。

（２）　観測報告事例

「2000年鳥取県西部地震前後の近畿地域およびその周辺地域における地下水位・地殻歪変化（地震）」（注4-10）にて、報告されている。

「§１　まえがき」で、以下の通りその主旨が記されている。

2000年10月6日に発生した鳥取県西部地震（M7.3）の際に本地下水位観測網において、地下水位変動が多くの観測井で観測された。本報告では、これらの変動の観測例を紹介し、理論歪との関連を検討した。

この報告で、上記公開の観測結果を分析し、検討しているが、結果として、「§５　結論」で記載されている内容は以下の通りである。

地震後数日を含めた地下水変化の総量に関しては評価が難しいが、地震直後の地下水位のステップ状変化は、地震時のひずみ変化と良い相関を持つ。

総量評価に関しては、この報告に限らず、他の報告でも同じようであり、「多くの観測井戸で予想変動量よりも大きな変動が観測された」と記されており、課題を提起していると思われる。

（３）　ひずみ変化と地下水位の関係（想定水位変化の考え方）

『地下水観測　―東海地震予測を目指して―（地震に関連する地下水観測データベース"Well Web"、産業技術総合センター地質調査総合センター活断層・火山研究部門）』（注4-11）によると、地震時の想定地下水位変化を、以下のように説明している。

■ひずみ変化と地下水位変化との関係

地面が伸縮する（ひずむ）ことにより、地下水位が変化します。例えば、右図(省略)のとおりに、地下水のある深さでは体積変化が1m³あたり0.1cm³

縮んだ場合、地下水位は場所によって、0.01 から 10cm 変化します。この関係を使って、地下水位で地下のひずみを測定します。

　上記観測が想定している現象は、地震時に発生する地盤ひずみ変化であり、それによる地下水位変化は、上記の通り 0.01 から 10cm と小さいオーダーである。観測開始の原点は、非常に大きな地下水位変化が地震時に発生し、その地下水位変化を観測することが目的であったと考える。観測している対象は地下水位で同じであるが、想定している現象が違っている。地盤のひずみ変化で生じる小さな地下水位変化を観測で捉えることは、現状のままでは困難であると思える。

（4）　水位・水圧観測と目的
　地下水位観測は、土質調査法（土質工学会編）の「第8章　地下水調査　1、概説」で、「その目的によって、地下水開発のための調査（＝観測）と地下排水のための調査（＝観測）に分けることができる」と記され、さらに、各々の測定（＝観測）の目的が次の通り記されている。なお、用語として「調査」と「観測」が使用されているが、本書では、基本的に同じ意味として扱い、「観測」を用いる。

　前者（地下水開発のための観測）は地下水開発、地盤沈下、地下水の塩水化など地下水を資源とする立場であり、小さい地下水位低下量で大量の地下水を揚水することが目的である。これに対して後者(地下排水のための観測)は、建設工事などに伴う地下水対策、堤防の漏水、カンガイ排水など地下水の存在が不利であるという立場であり、一般に少ない揚水量あるいはわき（湧）水量で大きい地下水位の低下をはかることをめざしている。

　地下水位観測は必ずしも二つに分類されるわけではないが、上記を例にとると、その地下水観測の目的には、考慮されていない要素がある。地震時の地下水位・水圧変化観測には、地下ガスの発生を考慮しなければならない。
（5）　地震時の地下水位・水圧観測の課題

地震時の地下水位・水圧観測は、地下ガス発生を考慮するために、次の二つの課題がある。

（a）観測井の構造

現在の観測井は、その孔口が開放された井戸が多い。このタイプの井戸では、以下に示す特殊条件において、観測していることになるため、地震に伴う地下水観測という目的に、必ずしも適していないと考える。

特殊条件：観測井孔口は、開放されている。つまり、その地下水面は大気圧状態になっており、そのため、井戸の設置によって、上部低透水層に欠陥を作っていることになる。地下水圧観測の観点で考えれば、被圧地下水圧を測ろうとしても、その水圧は測定できず、不圧地下水に類似した状態で観測していることになる。

（不圧地下水、被圧地下水に関しては、参考4-4にて、説明する）

（b）想定される現象

井戸の地震前後の変化は、震源に近い地域で、昔から確認されている。その量は、目視で分かる範囲であり、数ｍ、あるいは少なくとも１ｍ程度である。

しかし、現在想定される現象は、地盤の体積歪変化に伴う地下水位・水圧の変化であり、その変化は、これまで昔から地震時に確認されている変化よりもはるかに小さい。先ずは、地震時に一番大きな影響と考える「地下ガス発生による地下水位・水圧の変化」を対象に、観測等を行うべきであろう。

（6）　課題への対策

課題解決のために、観測方法を以下のようにしなければならないと考える。

（a）観測井の構造と観測方法

次の二つに分け、対象とする水位・水圧を観測すべきと考える。
①孔口密閉型観測井戸

孔口が密閉された密閉型観測井戸を、単独で設置する。密閉型観測井戸では、地下ガス発生時、その地下ガスおよび地下水が集中して流れ込むことは

ない。ガス流入の影響が生じにくくなり、ガス発生による被圧された地下水圧変化が観測しやすい。

　地下ガスが発生する箇所と発生しない箇所を想定することは、現状では容易でないが、その両方が観測できれば、地下ガスが発生しない観測井戸では、その水圧変化の状況等から、地震時の地盤のひずみ変化が分析できる可能性があると考える。今後の課題であろう。

②孔口開放型観測井

　孔口が開放された開放型観測井は、その観測井地点が、地盤の特異点となる。つまり、その孔口から大気中にガス噴出等が生じる可能性が高い。孔口が開放された特異点である観測井に対して、そのガス噴出の影響が周辺にどのように広がっていくかを観測するために、その周辺に別の観測用の井戸を一定間隔で複数本配置し、水圧観測を行う。丁度、従来の揚水試験において揚水井戸周辺に配置する「観測用の井戸」のように配置する。なお、この周辺に設置する観測用の井戸の孔口は、次の「参考4-4」に記すように、被圧状態を保つために、密閉状態とし、地下水および地下ガス等がその孔口から噴出しないようにする。

（b）想定される現象を対象とする水位・水圧観測

　地震時に地下水位・水圧変化に一番大きな影響を与えるのは、地下ガス発生と考える。そのガス発生状況は、地盤に含まれるガス量、地盤条件等によって大きく異なる。現状では、ガス発生を高い精度で予測することも、それにより、どの程度の水位・水圧変化が生じるかを高い精度で予測することも、困難であり、今後の課題でもある。先ずはデータを集積することが重要と考える。そのデータの集積によって、より精度の高い水位・水圧変化等が予測できるようになるであろう。あるいは、水位・水圧変化の精度はあまり問題にならないかもしれない。大きな水位・水圧変化の現象だけ（つまり、変化量にある程度の誤差があってもあまり問題にならない）を、正確に観測できれば、地震予知等に役立つ可能性があると考える。いずれにしても今後の課題であろう。

　なお、より精度の高い水位・水圧観測とは、水位・水圧の変化量の精度を

高める（現在は1mm）ことより、地下水の瞬間的な変化を正確に捉えるために、その測定間隔の精度を高めるべきと考える。地下水位・水圧変化の観測に合わせて、地下ガス噴出の状況を捉えられるような工夫も必要であると考える。

参考4-4：〈不圧地下水と被圧地下水〉

（1）　用語の説明

　不圧地下水は、その上面が大気と接しており、降雨等により影響をうけ、地下水の流出入により、その水位が変化する。その地下水を有する層が、不圧地下水層である。

　一方、地下水上面が大気と接していない層が、被圧地下水層であり、その上面は粘土層などの低透水層に覆われている。そのため、具体的な水面は存在せず、その低透水層との境界面に圧力が作用している。地下水の流出入による、水位変化はなく、地下水に圧力変化が生じる。

　そのため、各々の測定項目は、一般的には不圧地下水層では水位となり、被圧地下水層では水圧となる。

（2）　地震時の地下水圧変化の影響

　外国にも、地震時の地下水圧変化を測定した報告がある。

　台湾の集集地震時、地下水圧変化が観測され、「地震時および地震後の地下水圧変化（地学雑誌）」（注4-12）で、その観測結果が報告されている。「1、はじめに」で、不圧地下水、被圧地下水に関して、以下の通り記されている。

　不圧地下水は、自由地下水面をもち、そこでは原則として気圧と水圧がつりあっている。また、地震時の地下水圧変化の大きな要因である体積歪変化に対する感度も小さい。

　地震時や地震後の地下水圧変化において、不圧地下水における変化が被圧地下水のそれに比べて小さいことがあるのは、このような不圧地下水の特徴に起因していると考えられる。本論では、原則として、被圧地下水を念頭に

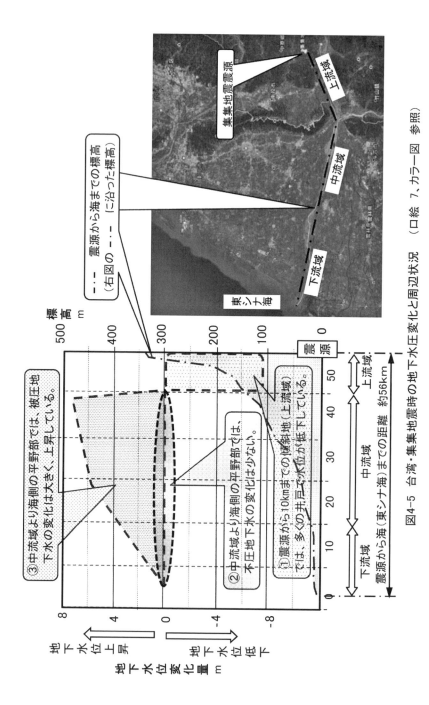

図4-5 台湾・集集地震時の地下水圧変化と周辺状況 （口絵 7、カラー図 参照）

おいて話を進めるものとする。

　上記報告には、観測結果「1999年集集地震時の地下水圧変化」が記されている。各地下水位変化を縦軸とし、観測井戸から地表地震断層（≒震源）までの距離を横軸として示している。その図に、震源からの距離に対する標高を書き加え、「図4-5　台湾・集集地震時の地下水位変化と周辺状況」として示す。この図より以下の変化があったことが分かる。
①震源から約10kmまでが、傾斜地であり、多くの井戸で水位低下している。
②中流域より海側の平野部（震源より約10km以上離れた位置）では、不圧地下水の変化はほとんどない。
③中流域より海側の平野部では、被圧地下水の変化が大きく、上昇している（最大で8m程度）。震源より離れるに従って、変化は小さくなる。
　この観測結果は、地震時に地下ガスが発生し、被圧地下水の水圧を顕著に高め、その影響は震源から離れるほど、小さくなっていることを示していると考えられる。一方、不圧地下水には、ガスが容易に地表に噴出するため、その影響が生じにくいことを示していると考えられる。
　なお、この観測報告例では、不圧、被圧両地下水観測井とも、その孔口の開口構造は、明記されていない。

（3）　海面等の変化
　南海地震時に海面変化が確認されており、『昭和21年　南海大地震調査報告水路要報　昭和23年(要約版)(第五管区海上保安本部海洋情報部)』(注4-13)にて、報告されている。興味深い記載は多数あるが、その内の特徴的な、2地点の現象を抜粋すると共に、さらに井戸水との関連性を確認する。下記の井水とは、井戸水のことであり、原文そのままに記す。

ⅰ）日和佐
海面の状況：牟岐〜日和佐間の漁場では上げ潮が実に速かった（川の流れの如くであった）。平家島北側海面では地震前から少し泡が出ていたが地震後は特に顕著になったけれども2月中旬頃停止した。
　つまり、約2ケ月地下ガスが発生し続けたと考えられる。

井水の変化：一部に混濁のみが見られた。一般に当地方は大地震の際には水位低下が見られるのを普通とするのであるが（中略）認められなかった。なお港口南方の平家島付近よりは震前よりあわの発生があり震後には顕著となり1箇月を経過するもなおやまない状況であって（中略）心配の種となっている。

ⅱ）浅川
海面の状況：浅川湾内は反時計方向の渦を巻いた（普通は時計方向に流れる）。海底は沸き立つ様であった。海水は1週間位濁っていた。
井水の変化：地震直前井戸、池に水位低下が見られた。一般的変化としては震後から味を帯びたのみでそれも1箇月以内に復旧した。

　各地で色々な海面及び井戸の異常が確認されているものの、その状況は地域で異なり、地域間に明確な関連性はないようである。また、日和佐の記載にあるように、他の地震とも比較しているが、地震の規模等による関連性もないようである。これらの発生原因は、基本的に地下ガスであり、地域間の違い、他の地震との違いは、「4,2（2）地下水位変化の同一性」で記したように、井戸や地盤条件等の違いにより、そのガス発生状況にも違いが生じ、その違いが海面及び井戸水の変化の違いになって、現れていると考える。

　また、浅川のコメントに「海底は沸き立つようであった」とある。当たり前ではあるが、ガスは海面に発生しているが、発生源は海底であり、海中ではない。さらに、その下のどこから発生しているのか、その確認は容易ではないが、ガスの化学的分析調査等によって想定可能になると考える。

（4）　川面の変化

　新潟地震においては、既に第一章で示した通り、「信濃川の水はカルメ焼のように持ちあがった」等、川面の変化が報告されている。
　また、越後三条地震（前出）の時も、川面が変化したことが記録として、残っており、再掲する。

　この地方の大小の川は地震の時に水が減った。そのとき船をこいでいた船頭は、地震とは気付かず、河の水が逆立つのであわてたという。それもしばらくの

間で終わったので、船が破損するということはなかった。徳松という猟夫は、地震のとき、川の中で波が立ち上がること五～六尺（約1.5～1.8m）あるいは一丈（約3m）に達し、岸は引き潮のように見え、数町（1町は約110m、従って数百m）にわたって陸になったのを見たという。液状化現象による噴水が川の中にも見られたのであろう。岸が陸になったというのは、土地の隆起か、液状化現象で噴出した砂が積もったかの、どちらかであろう。

　その現象の説明は、次の通りであると考える。
①地震の振動により、地下水中の溶存ガスが遊離ガスとなる。
②遊離ガスは、地中を浮上し、川底に流れ込み、「川の水が逆立つ」。
③川底付近の地盤の地下水がガスに置き換わり、かつガスが地下から供給され続ける。河川水は、地下に吸い込まれ、場合によっては、ある一定時間吸い込まれ続ける。
④そして、「岸は引き潮のように見え、数町にわたって陸になった」。

> **参考4-5：〈地下水・海面変化と地震予知の仮説〉**
> 　本震前も、本震後にも、地下水と海面等に変化が生じている。本震後は、大きな振動によって、地下ガスが発生し、その地下ガス噴出に伴って、地下水及び土砂が噴出すると考える。しかし、本震前の地下水と海面等の変化は、地震予知に関わることであり、以下に記す想定は、全く検証されておらず、信頼性が確保されていないと認めざるを得ないが、地下水位及び海面変化がどのように、本震前に生じているか仮説を示す。
>
> 　（1）「井戸の地下水変化による地震予知」の仮説
> 　井戸の地下水変化は、地下ガス発生とその地中での浮上（上昇）及び井戸底周辺からの井戸内へのガス噴出等による。その過程は以下の通りと考える。
> ①本震前の微振動または地盤の動き等により、遊離ガスを被覆する層にクラック等の間隙ができ、その間隙を通って、遊離ガスが上昇し始める。
> ②地下ガスは、地上に向かって浮上しながら、膨張する。地下水圧が大きくなり、水位は上昇する。

③その後、地下ガス浮上により、井戸底周辺より井戸内に流れ込む。ガス流入量が、井戸内の体積に比べて多く、急激に流入する場合、井戸内の地下水をガスが押し出し、一時的に地表面まで噴出する。ガスが抜けた後、井戸内の水位は大きく低下する。

④地下ガス流入量が、井戸内の地下水を地表面まで噴出させるほど多くない場合でも、井戸内に地下ガスが流入すると、井戸内の地下水位は低下する。つまり、井戸内の地下水は、ガス流入により井戸外周の地盤に押し出され、地下ガスはバブルとなり、井戸外周側に付着し、水の流れを阻害する。その現象によって、井戸内の水位は急激に低下したように見える（ただし、この時、この現象は井戸の近傍のみであり、井戸から離れた場所では地下水位に大きな変動はないと考える）。

⑤ガスの発生が減り、井戸周辺に付着したバブルに作用していた力のバランスが崩れると、バブル（ガス）が動き出し、目詰まりが解消され、周辺の地下水も井戸内に流れ込む。

⑥井戸は、通常の水位を保つようになる。

　以上が繰り返されることにより、証言されたような現象となる。

　地盤に含まれるガス量、ガスを一時的に滞留させる地層、井戸周辺の地盤等の条件によって、井戸の地下水位が大きく変わると考える。それらの条件を分析し、ガス発生と地下水位変化を観測することにより、その関連性を見出すことができるのではないかと考える。

　この現象は、溶存ガス量が多い地下水を、井戸にて揚水する時の現象と似ている。それに関連する内容は、第五、六章に記す。

（2）「海面変化による地震予知」の仮説

　海面からバブルの発生が認められた各地点では、その陸地にある井戸に水位低下ないし混濁が認められている場所もある。基本的には、井戸の地下水変化も海面変化も、同じ原因で生じていると考える。

　また、バブル発生地点で海水の流れが確認されている。これは泡発生が海水の流れを引き起こしており、その現象は次の通りと考える。なお、①、②は上記と同じであり省略する。

③地下水圧が上昇し、その影響を受け、海面も一時的に上昇する。
④地下ガスが、海底面下の地盤間隙中の地下水に置き換わりながら、その後、ガスが海底面下から沸き上がることに伴って、海水が海底下の地盤に吸い込まれる。海水が海底面下に吸い込まれることによって、海水に変化が生じ、流れが発生する。バブル（＝ガス）は海面上に現れ、湧き立つ。
⑤条件によっては、海流また一見津波に似たような現象となる。ガス発生が間欠的な場合、振動するような海面の動きが発生する。つまり、「海底面下で発生したガスと海水の置換」が周期性（間欠性）を持って生じる。

参考4-6：〈地震後、天然ガス噴出例〉
噴出例　1

　地震後に天然ガスが噴出したことは、色々な形で報告されている。しかし、その発生量、発生期間等が報告された例は少ない。

　その規模は小さいものの「千葉県内の観測井に現れた2011年東北地方太平洋沖地震の影響（千葉県環境センター年報）」（注4-14）の1例があり、「6. 天然ガス噴出量」に以下の通り記されている。

長生郡白子町驚に設置された地盤沈下観測井「九十九里―4」は、上総層群起源の天然ガスが噴出している。この天然ガス噴出量は、地震前には平均35.8L/10min程だったが、地震直後より46L/10min超まで急増し、その後も緩やかに増加続け、年末には50L/10minを超えた。

　この現象に関して考察はない。地震直後、ガス発生が増えたことを示すと共に、長期的にもガス発生が増え続けたことを示す事例である。

噴出例　2

　噴出量のデータはないが、関東大震災時に、南関東ガス田の中で最も古くから、ガスが利用されていた一地域である大多喜地方で、激しくガスが噴出した。以下、関東天然瓦斯開発㈱及び大多喜天然瓦斯㈱の社史「五十年の歩み」（注4-15）に当時の状況が記されており、抜粋する。

大多喜地方では、大地震の発生によって地層の至るところで亀裂を生じ、そこから露頭ガスが激しく噴出して、暫くの間は、その防止策のないまま放置されていた。住民は不安な日々を過ごさなければならなかったことは言うまでもない。
　やがて唯一の対策として考えられたことは、簡易な手掘りの井戸を多掘し、ガスの噴出をその浅井戸に集中させるという、いわば、一種のガス抜き方法であった。この方法は予想外に功を奏して、さしもの激しかったガスの噴出もようやく止まり、住民の不安を解消することができた。

　ガスの異常噴出に対して、逆のケースも記されている。同じく古くから、ガスが利用されていた一地域である茂原地方の例である。

　茂原地方では、大多喜とはその事情を異にしている。大地震によってガス井の坑内が崩壊し、ガスの噴出を停止する井戸が続出して、燃料・灯火・動力等を自家井のガスに依存していた住民の多くは、たちまち日常生活に支障をきたすようになった。

　地震後、天然ガスが噴出する場合もあるが、逆に、ガス噴出が止まる場合もある。地震後にガスが噴出するのか、また、既に噴出していたガスが地震後どのようになるか、各地域の微妙な条件の差異により、大きく異なると思われる。大地震が発生した場合、地域差はあるものの、ガスが賦存する地域においては、ガスが噴出し、液化流動を発生させる可能性が高いことを示していると考える。地震後、液化流動だけでなく、ガスが異常噴出する可能性があることを理解しておかなければならない。

第五章

液状化の課題と検証

あらすじより

　新潟地震以後、各学会で、制定された基準に基づいて、液状化を防止するための対策が、色々実施されている。その基準・対策は、大地震が発生すると、その新たな事実に基づき、必要に応じて改定を繰り返しているが、その現象の複雑さゆえに、未だ見直されるべき内容であることを認めながら、現在に至っている。液状化基準の変遷を示し、現在も指摘されている課題（＝通常科学の危機）を記す。

　地盤は、均一ではなく、粘土層等の低透水層が介在し、その透水性は単純でない。ガスの影響により、その低透水層は不透気層にもなる。課題解決には、ガスの影響が重要な要素となっている。どのように、ガスが地震時の液状化（液化流動）現象に影響を及ぼすのか、実験を通して検証し、知り得た事実「ガスの地盤透水性への影響」（＝科学革新）を記す。迷宮入り科学からの脱出でもある。

▼5.1　液状化基準類の変遷と課題

　液状化現象は、昔から古文書にも記されていたように認識されていた。近代になり、関東大震災（1923年）で、また、終戦直後の福井地震（1948年）で、液状化現象が生じた事は明らかであるが、現象の研究・解明等は、ごく一部の専門家を除いて、ほとんどなされていなかった。戦後約20年、新潟地震（1964年）で世間に認識されるようになった。なお、関東大震災時、液状化に関連した証言は数多く残されており、その当時の液状化に関する考え方等は、第七章にて、後述する。

　それまで、把握されていなかった「液状化現象」を、新潟地震で目の当たりにし、その調査・研究が進み、建物・橋梁等の構造物の「設計基準」に、液状化に関する条項が、初めて取り入れられた。新潟地震以降、阪神大震災等の大きな地

震が発生すると、その当時の「設計基準」では、対応できていない被害が発生していることが明らかになり、その都度、それら原因を検証し、基準等も改定がなされていった。

ここでは、建築および土木構造物を設計する上で、代表的な基準である「建築基礎構造設計規準」および「道路橋示方書・同解説、Ⅴ耐震設計編」の改定内容とその課題を記す。

（1） 建築基礎構造設計指針（旧建築基礎構造設計規準）

「建築基礎構造設計規準」は、新潟地震の10年後、1974年（昭和49年）に改定され、その時、初めて液状化に関する条項が取り入れられた。10年後ではあるが、まだ、液状化に関しては、不明な点があり、十分な検証もできていなかったため、規準では基本的な考え方だけが示された。その後、以下に示す通り、改定されたが、液状化の考え方・定義は、現在もなお課題を残していたようである。

以下 「建築基礎構造設計指針（日本建築学会）」（注5-1）等を参考にし、この指針等のこれまでの経緯と課題等を記す。

（a）1974（昭和49）年版
ⅰ）液状化の定義

本規準では、液状化の定義は、その対象を「水で飽和した砂」とし、その砂が振動以外に「衝撃」などによる間隙水圧の急激な上昇のためにせん断抵抗を失う現象とされたが、どのような衝撃を指しているか、規準上では明らかにされていない。

ⅱ）設計上の条文

設計上の条文は、地盤の許容支持力度に関する条項の3項目だけであり、地下水位下の砂地盤を対象にし、地震時における液状化現象に留意しなければならないとだけ示された。

ⅲ）同解説

同解説の中で、地震の振動による過剰間隙水圧の上昇によって、地盤のせん断抵抗が小さくなると示され、合わせて、その考え方が、せん断強さや過剰間隙水圧等の関係式で示された。また、液状化の対象は、諸条件にあてはまる砂層が対

象となるとし、その諸条件とは、深さ・粒径等を条件項目とし、その内容が示された。さらに、液状化の危険性が高いとされた場合、その対策を実施することとし、合わせて、その対策方法を示された。

しかし、液状化に関する多数の研究により、定量的な解析方法もある程度確立したものの、それらは研究の域を脱していないこと、解析にも多くの仮定が含まれることから、実証性が低いとも示されていた。

つまり、当時は、液状化現象が必ずしも明らかになっておらず、同基準が暫定的な運用であること、そして、詳細な検討は、個別対応することを認めている。また、この規準では、液状化を間違いなく予測することは、困難であるとされており、その規準による対策も十分でないことが分かる。

クーンの「科学革命の構造」に従えば、まさに、既存のパラダイムの形成期だったのであろう。

(b) 1988（昭和63）年改定
　この改定時、前記1974年改定の「建築基礎構造設計規準」の名称が、「建築基礎構造設計指針」に変更された。名称の変更の理由の一つとして、基礎構造等に関しては、機械的に計算する方法を示す「規準」よりは、総合的、工学的判断のよりどころとなるための「指針」とすることが求められたようである。
・液状化現象の再定義
　この改定でも、液状化は旧規準とほぼ同じように定義されたものの、本文中では、液状化は、地盤内に働く繰返しせん断応力によって地盤中に生じる過剰間隙水圧が、土粒子を拘束していた初期有効応力と等しくなる結果、有効応力が０になる現象と定義されて、この本文中の定義では「衝撃」などによって生じるとはされていない。
　なぜ、「衝撃」などがその原因に含まれていないかは明らかでないが、この頃、液状化の主な原因は、「ダイラタンシーによる地下水圧の上昇」となり、そのための実験・解析が研究の主体として進められたと考えられる。そして、それ以外の視点からの研究、例えば、当初想定していた「衝撃」などに関する研究に目を

向ける事は限定的となり、「ダイラタンシーによる地下水圧の上昇」を原因とする既存のパラダイムに支配されたと考えられる。

（ｃ）2001（平成13）年改定
　　1995年に阪神大震災が発生し、その被害の調査等が進み、6年後の2001年10月に改定された。
ⅰ）改定の背景
　　改定の背景は、阪神大震災である。この地震で、新潟地震以来の大規模な液状化現象が発生し、それにより、地盤の側方流動、地盤変形による杭体の破壊等の多くの被害が生じ、その状況が明らかになったとされた。それらの被害の調査及び実験・解析等に基づき、新たな設計方法が示され、改定された。
ⅱ）設計上の条文
　地震時における液状化発生の可能性を適切な方法により評価するとし、また、対策に関しても、必要に応じて適切な対策を講じるようにする等があり、具体的な設計方法及び基礎構造の計画等が、次の同解説に示された。
ⅲ）同解説
　同解説の中で、対象とすべき土層は砂が主体であり、その粒径分布で細かく規定しているが、それは主に実験・解析のデータを基に規定しているようである。また、礫に関しては、透水性の低い土層に囲まれた礫の場合等も、液状化の可能性が否定できないと示され、そのような場合にも液状化の検討を行うように示されているが、具体的な提案はなく、現状では、課題として提起しているようである。
　さらに、基礎構造の計画に関しても、当然ではあるが、それらの液状化判定基準に従って、対策の選択を行うようになっている。つまり、「ダイラタンシーによる地下水圧の上昇」という既存のパラダイムの中で改定されていると考えられる。

　　礫の場合の課題が提起されているように、いくつかの課題がある。また、多くの被害が明らかになったとされているが、その原因は必ずしも明らかになっていなかったように思える。液状化現象の真の原因を明らかにし、さらに、その原因を実験・解析し、その結果に基づき、どのような設計方法にするのか示さなけ

ればならないと考える。

（2） 道路橋示方書・同解説、Ⅴ耐震設計編

新潟地震の7年後、1971（昭和46）年に、液状化に対する判定等が、「道路橋耐震設計指針」として初めてまとめられた。

1980（昭和55）年、『道路橋示方書・同解説、Ⅴ耐震設計編（日本道路協会）』として改定され、さらに阪神大震災後、平成13年に改定された。現在、東北地方太平洋沖地震を経て、平成24年（注5-2）に改定され、この示方書が使われている。

（a）液状化の定義

同解説の中で、まず、液状化に関しては、以下のように定義されている。

地震動による間隙水圧の急激な上昇により、飽和した砂質土層等がせん断強度を失うこと。

建築基礎構造設計規準同様、地震動を直接の原因としており、他の要因、例えば、衝撃などは、原因としていない。

（b）同示方書に示された課題

同示方書の「8.2耐震設計上ごく軟弱な土層又は橋に影響を与える液状化が生じると判定された土層の土質定数」等の項で、設計の対象となる土層が液状化するか否かを判定し、液状化すると判定された場合に、基準に従い耐震設計するように、示方書は構成されている。しかし、その解説の中には、未解明な点があることが記されている。

液状化の判定には、粒度の影響、年代効果の影響、地震動の周期特性と地盤の振動特性の関係の影響など、様々な未解決な影響要因があり、全体として安全側に判定となるような方法となっているために、地震動の継続時間が長かった東北地方太平洋沖地震の事例に対しても、従来の判定方法によって液状化発生地点に

おいては液状化が発生するという結果を得られたものと考えられる。今後、これらの要因がそれぞれどのように影響したかについて、調査研究により明らかにしていくことが必要である。

また、流動化の項でも、未解明な点に関して、記載がある。

河川部における流動化のメカニズムや構造物に与える影響は、（中略）臨海部に準じて、流動化の影響を考慮するのが望ましい。なお、河川部における流動化については、今後の調査研究の進展に応じて適切に対応していくことが必要とされる。

つまり、示方書に従って設計するように定めているものの、未解明な部分は、この示方書自体を改定しなければならないと提起している。

(c) 道路橋示方書における地盤の液状化判定方法の現状と今後の課題

液状化に関しては、研究者等から、色々な課題が提起されている。その一例として、論文、「道路橋示方書における地盤の液状化判定方法の現状と今後の課題」（注5-3）より抜粋するが、道路橋示方書と同様のことが指摘されている。

先ず、砂礫地盤についてである。この報告の「8．今後の課題」の「1) 砂礫地盤の液状化強度の推定法」に、「これについては本研究では信頼性の高い結果を得ることはできなかった」と記されている。さらに、液状化の判定方法に関して課題を提起し、次の判定法の項につながっており、同報告、同項の「3) 簡易液状化判定方法は液状化実態を説明できているか」から、抜粋する。

最近2003年に頻発した地震で地表面最大加速度が0.5g程度を上回るような揺れを生じたが、その割には地盤の液状化に伴う地盤変状は少なかった。これに対して、地表面最大加速度を用いて簡易液状化判定を行えば、より広い範囲で液状化したという結果が得られるのではないかと推察される。もしそうであるとすれば、実態との乖離の原因として、地震動の卓越周波数の問題、液状化の程度と地盤変状の関係、あるいは液状化判定自身の妥当性などが考えられる。追試により

検証することが望まれる。

　液状化強度の推定法は信頼性が高くないことを指摘し、また、液状化判定方法自身の妥当性の検証が必要であるとし、今後解明すべき点として提起している。
　基本的な考え方に欠如があれば、精度の良い模型実験をいくら実施しても、変わることはないだろう。むしろ、液状化判定方法自身の妥当性を疑っているように、既存のパラダイムでは液状化の検証はできないのであろう。例えば、礫質土の液状化現象は説明できないのであろう。
　「実態との乖離の原因」、また、上記示方書には「様々な未解決な影響要因」として、前述の「年代効果」等をその要因の一つとし、多くの要因があると考えているようであるが、「地下ガス発生による地下水圧の上昇」は含まれていない。

▼5.2　透水試験の課題

　液状化現象は、地下水圧に変化が生じた後、水の流れによって、土砂が噴出する現象である。液状化現象には、地盤の透水性が大きく関わっている。

（1）　地盤の透水性と透水試験

　地盤の透水性とは、地盤が水を通す性質のことである。例えば、粒径の大きな礫からなる土層等は、水を通しやすく、透水性が高いと言う。土の透水性を調べる試験が、「透水試験」である。一般的には、この試験により、地盤内を流れる水量や地下水位変化等が確認でき、その試験結果を利用して、掘削工事や地下水利用計画等を立案している。技術者にとっては、極めて有効な試験方法であり、我々の生活にも、役立っている試験である。

> **参考5-1：〈透水試験とダルシーの法則〉**
>
> 　透水試験は、19世紀中ごろ、フランス人ダルシーによって提唱された法則に従い、基準が定められ、今日に至っている。
> 　この法則は、「地盤内を浸透する水の流速（v）は、対象とする供試体（土砂）の両側の圧力差（h）を、その供試体の長さ（L）で割った値（$i=$動水勾配）に比例する」で、その式は、$v = K \times i = K \times h / L$で表される。K

は、土砂中を流れる水の流れやすさを示す係数であり、「透水係数」と称している。例えば、礫からなる土層等は、間隙が大きく、水を通しやすく、透水係数Kは大きい。

　この試験方法は、1961（昭和 36）年ＪＩＳ　Ａ 1218「土の透水試験」として、日本の基準となっている（現在は 2009〈平成 21〉年版である）。
　通常、透水試験はこの基準に従って、実施されている。しかし、特殊な場合、現在定められている透水試験で得られた結果では、その土の性状等が適確には示せない。液状化現象は、地盤の透水性と密接な関係があるものの、その透水性が適確には示せない代表的な例である。
　特殊な場合とは、ガスが溶存する水の場合である。この基準は、そのガス（空気）が透水性に影響を及ぼさないようにする必要があるとされ、土砂の間隙中を水が流れるが、その間隙中に空気が入らないことが条件となっている。
　なお、水の中に空気等の気体を含まない状態を、「飽和度100％」、又は「飽和した状態」等と表現しているが、ここでは、単純に、「飽和」と表現する。

（2）　ＪＩＳ　Ａ 1218「土の透水試験」

　ＪＩＳ規格として、1961 年制定後、現在、2009 年版が最新であり、以下その内容の抜粋である。

（a）本文
「供試体の飽和度を高めるために、次のいずれかの方法で脱気を行う。用いる水は、煮沸又は減圧によって十分脱気した水とする」としている。そして、「いずれかの方法」としては、以下の方法があるとしている。
　①水浸脱気法、②吸水脱気法

（b）解説文
「供試体の飽和度を高める方法」として、以下のように解説されている。
　供試体の飽和度が低いと（中略）、得られる透水係数が小さくなる。そのため、試験時の供試体の飽和度を確認することが望ましい。飽和度が 100％に近い状態

の供試体の透水係数を飽和透水係数、それよりも飽和度が低いときのものを不飽和透水係数と区別される。本規格は飽和透水係数に関するものであり、不飽和透水係数を求める試験については本編５．１．４で述べる。

　この透水試験は、水浸脱気法及び吸水脱気法を細かく規定し、飽和で実施することを条件としており、ガス発生は、この試験の対象外としている。つまり、ガスが溶存しない地下水を対象とした試験としている。
　一方、ガスを含むような不飽和状態で透水係数を求める試験に関しては、本編５．１．４に、その概要は記されている。しかし、この不飽和透水係数の利用方法は、以下の通りである。

　盛土などの不飽和土領域における降雨等による浸透挙動の解釈や将来予想のため、飽和・不飽和浸透流解析手法が多用されている。（中略）**不飽和浸透流解析において水分特性曲線と不飽和透水係数は重要な入力値である。**

　解析のために、不飽和透水係数が重要な入力値であるとしており、この試験には、本書で扱っている「液状化現象によって地盤破壊につながるような現象を明らかにしようとする目的」はないようである。

（３）　今後のあり方
　飽和での透水試験は、一つの重要かつ有用な試験方法であり、これからも活用されることは間違いない。
　しかし、自然状態において、地中での地下ガス発生は、通常起こりうる現象である。特に、ガスを溶存する地下水が、水圧差で流れ、その水が水圧低下を生じる条件においては、ほぼ定常的にガスは発生し、それによって透水性は低下する。端的な例は次の通りである。
ガス発生と透水性低下現象の例：
　地下水が流れによって上昇すると、それに伴い、その地下水圧は減少する。水圧の減少によって、地下水中の許容溶存ガス量が減り、その量以上のガスが溶存する場合、ガスが遊離し、泡となってその形が現れ、つまり、それまで、飽和で

五章　液状化の課題と検証

あっても、不飽和に変わる。地下水が不飽和になると、気体が土砂間隙中の水の流れを妨げ、透水性が低下する。

　ガスが溶存する水の透水性を、理解しなければ、それによって発生する現象、例えば液状化（液化流動）現象も、その実態を解明することはできない。実態が解明されない現象に対して、それら現象を防ぐ有用な対策は考えられない。

　現在、農業土木の分野では、土壌の保水性を調べる目的で、土の保水性試験が実施されている。液体・気体が土砂の間隙中の流れにおいて、どのように影響するかを調べる試験である。この試験は、水の緩やかな流れしか考慮していないため、液化流動で地盤破壊につながる現象等は調べる対象としていない。

　液体・気体が地盤中の速い流れの中で、「ガス発生とそのガスの地盤透水性への影響」を考慮した試験・解析を行い、その現象を解明することが、今後不可欠になる。

▼5.3　地下ガスの影響の展開

　本書の「序章」で記したように、最初の疑問は、パイピング現象である。また、井戸で揚水した時に、理論では説明できない現象に遭遇し、その現象、つまり、「ガスが井戸に及ぼす影響」の解明が、本書の原点である。その解明中に生じた現象が、「地下ガス発生による地下水圧の上昇」を考え出す、きっかけとなった。思いもよらなかった方向に進んでいった。その過程を記す。

（1）　井戸理論とガス
（a）井戸理論の実態

　井戸で地下水を揚水する時、その単位時間当たりの揚水量は、井戸理論によって求められる。基本は、井戸周辺の地盤水位と井戸内水位の差（以下、水位差とする）を大きくすると、その井戸の単位時間当たりの揚水量も大きくなり、水位差と揚水量の関係は、その環境条件によって異なるが、理論式によって求められる。しかし、その揚水量をある一定量より増やす、あるいは、水位差をある一定量より大きくすると、その理論に従わなくなる。各井戸の単位時間当たりの揚水量には限界があり、その量より多い揚水は出来ず、理論式に従わなくなる揚水量

を限界揚水量と言う。ただし、どのような条件によって、理論式に従わなくなるのかは、諸説あるが、未だ解明されておらず、現在でも限界揚水量等に関する確かな理論はない。各々の井戸の限界揚水量は、井戸設置後、設置した井戸内のポンプで、地下水を揚水して、その限界揚水量を確認するしかない。

筆者が経験した井戸でも、明らかな限界揚水量があった。井戸周辺の地下水位を低下させるために、井戸内に設置したポンプの出力を上げて、単位時間当たりの揚水量を増やすと、一時的には井戸内の地下水位も僅かに低下し、その揚水量は増える。しかし、ポンプの出力を上げているにもかかわらず、すぐにその揚水量が低下し、井戸周辺の水位は低くならず、逆に上昇し、揚水前の地下水位に近づいてしまった。この時点では、井戸内の水位は大きく低下し、井戸周辺の地下水位は上昇、つまり、周辺地盤の地下水が井戸内へ流入しなくなる現象が生じているのである。

(b) ガスが井戸に及ぼす影響

この限界揚水量は、次の原因により生じると一般的に言われている。
①流速が大きくなると、流れが層流から乱流になり（非ダルシー流れ）、その流れの変化により、流れに対する抵抗が大きくなり、水位が低下しなくなる。
②流速が大きくなると、帯水層を構成する土粒子が移動し、井戸周辺のフィルターに目詰まりが生じ始め、流れに対する抵抗が大きくなり、水位が低下しなくなる。

しかし、実際には、次のような現象が生じている。

単位時間当たりの揚水量を増やし、井戸内の地下水位を低下させると、その後、急激にその揚水量が減るが、その揚水を一時的に停止し、再開すると、ほぼ同じように、揚水量と水位差の関係を示す現象がある。

井戸への地下水の全体の流れは一様でない。つまり、流速は井戸近傍では速くなるが、井戸から離れた場所での流速は、その近傍の流速に比べると遅い。層流から乱流への変化は徐々に進み、瞬間的に、全体が変化することはない。したがって、「急激に揚水量が減ること」から、層流から乱流への変化は、その真の原因ではないと考えられた。

また、土粒子がフィルターに目詰まりすると、容易にはその目詰まりは解消しない。したがって、「一時停止後、揚水量と水位差の関係が元に戻ること」から、

土粒子によるフィルターの目詰まりも、その真の原因でないと考えられた。

「急激に揚水量が減ること」の原因は、地下水中の溶存ガスでないかと思われた。つまり、溶存ガス量が多い地下水の場合、水位差が大きくなり、水の流速が速くなると、その時に、地下水中の溶存ガスの遊離（＝発生）が急増し、そのガス発生が井戸のフィルター等に目詰まりを発生させ、それが大きな要因となっていると考えられた。また、これが原因であれば、揚水の一時停止後に、井戸内水位が上昇し、それにより、ガスのフィルター等への目詰まりも解消され、「揚水量と水位差の関係が元に戻る」と考えられた。それを確認するために、「ガスが井戸に及ぼす影響」の解明に着手した。

（ｃ）ガスが溶存する水の簡易透水試験

ガスが溶存する水の簡易透水試験を実施した。試験装置・測定方法は次の通りである。

・試験装置：

ホース（断面積：A）をＵ字型、両端部を鉛直上向き設置し、その一部分に供試体となる土砂を一定の高さ（L）入れ、かつ、そのホース内に水を入れる。従来の透水試験とは、まったく逆で、ガスが溶存する水を使用した。

・測定方法：

ホースの両端に水位差をつけ、その水位差（h）によって、単位時間（$\varDelta t$）に流れる水量（$\varDelta Q$）を測定し、その土砂の透水性を調べる。水の流れやすさを示す「透水係数」をKとすると、$K = \varDelta Q / (\langle h / L \rangle \cdot A)$ で示せる。

（図5-1透水試験概要図参照）

透水にかかわる興味深い現象がその試験で確認できた。しかし、定量的に、掴むことは容易でなかった。

興味深い現象とは、予想されたことではあるが、以下の点である。

①ガスが発生すると、透水係数は極端に低下する。

②水の流れる方向によって、ガスの影響等が変わる。水が上から下に流れている場合、発生したガスには浮力が作用しており、そのガスはその上部で滞留しやすくなる。

③ホースをＵ型に配置することを基本として試験したが、そのホースの形状を変

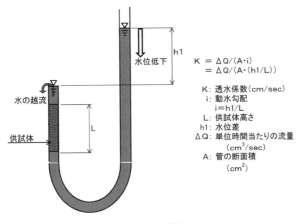

図5-1 透水試験概要図

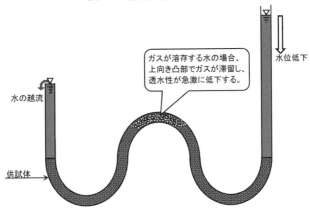

図5-2 上向き凸形透水試験概要図

える。例えば、途中に上向きの凸部を入れると、簡単に透水性が低下した。(図5-2上向き凸型透水試験概要図参照)

　透水試験中に溶存ガス量と遊離ガス量を正確に測定することが容易でなく、このような簡易試験では定量的な判定はできなかった。詳細なデータが取れるような装置を開発することは、容易でないことを改めて痛感した。

（2） 透水及び透気試験
　ガスが溶存する水を使って、ガス量をコントロールする透水試験の実施前に、各種土質試料の基本的な透水及び透気特性等を把握する必要があった。上記井戸に関する課題は保留し、その確認試験を行った。

（a）透水試験
　透水試験は、図5-1の試験方法で行い、これまで多くの実績があり、それら実績から想定された結果が得られた。

（b）透気試験
　透気試験は、一般的には、コンプレッサーを使っての気体の減圧・加圧によって試験されている。その試験方法では、それらの機器が必要であり、容易には行えなかったので、比較的容易に行える透気試験を考案し、実施した。（図5-3透気試験概要図、及び図5-4湿潤状態〈飽和〉透気試験概要図参照）
　基本的な方法は、透水試験と同じである。異なる点は、対象となる供試体（土砂）下方に、空気を入れたことである。水位差を利用して、対象とする供試体に空気を加圧する方法によって、透気試験を行った。乾燥状態では、透水試験同様、ほぼ想定された結果が得られた。
　湿潤状態（飽和）では、想定していなかった現象が生じた。
　湿潤状態の透気試験では、水位差が小さい場合、透気が生じなかったため、水位差ゼロから透気試験を開始し、水位差を大きくし、一定以上の水位差に達すると、透気が生じることを確認した。また、その状態で、空気が抜けることにより、水位差つまり圧力差が小さくなっていくが、圧力差がゼロになる前に、再び、透気がゼロになる現象を確認した。圧力差が小さい時に、不透気（＝透気がゼロ）である現象は、前述の「保水性試験」では、確認されている現象であった。また、この現象を観測した時点では、これが液状化（液化流動）現象の重要は要素であるとは、考えられなかった。

（3） パイピング現象
（a）試験方法

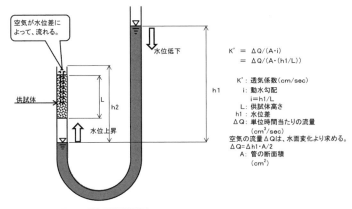

図5-3 透気試験概要図

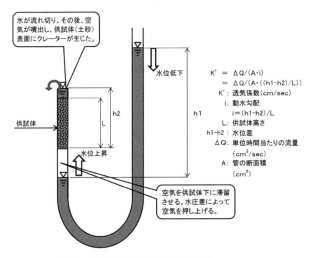

図5-4 湿潤状態（飽和）透気試験概要図

　数種の土砂の透水係数及び透気係数を確認した後、どの程度の圧力差で、パイピング現象が生じるか試験を計画した。また、これまで、ほとんど行われていないようであるが、透気試験でも、どの程度の圧力差で、パイピング（＝空気の噴発）現象が生じるか、その試験も計画した。試験装置は、上記の透水・透気試験と基本的に同じであるが、パイピング現象を生じさせる限界圧を求めるために、

圧力差を徐々に大きくし、急激な流れが生じた時の圧力差を測定項目とした。

　（b）想定外の現象

　透水試験では、概ね想定された圧力差でパイピング現象は生じた。そして、パイピングが生じると、当然であるが、透水係数が急に大きくなる。また、土砂が流出し（≒土砂が破壊する）、試験が継続不可能になることが確認できた。湿潤状態（飽和）の供試体で、透気試験でのパイピング現象の確認中、「序章」で記したように、土砂上面にあった水が流れ切った後に、「突然、クレーターが生じた」のである。

　この現象をきっかけとして、試験目的が、「液状化（液化流動）現象の発生原因の追及」へと変わった。

▼5.4　透水・透気の考え方と課題

　液状化（液化流動）現象の発生原因追求の前に、透気性及び透水性の考え方等を整理し、課題を示す。

（1）　透気性

　透水試験は、既に記した通り、ダルシーの考え方に従い、一般的な試験として、広く行われてきた。一方、透気試験は、地下の高水圧下の工事で、圧気により地下水を制御する工法が必要となり、その工法のために、地盤の透気性に関する研究が進められた。しかし、近年の技術開発により、地下水を制御するために圧気を採用する必要性が低くなり、現在では、透気に関する検証・研究開発は、以前に比べ少ない。圧気を必要とする地下工事には、シールドトンネル工法・ケーソン工法等がある（本書では、それら工法の説明は省略する）。

　むしろ、土壌汚染防止や地下水利用を目的とし、地盤中の地下水及び気体の挙動解析のために、透気試験の必要性が高まってきている。また、解析によるシミュレーションが多様化してきており、最近、不飽和土を対象とする解析も行われている。現状は以下の通りである。

(a) 不飽和土の現場透気試験

地盤工学会より「不飽和地盤の透気試験方法　地盤工学会基準（案）」が出されている。目的は次の通り。

この基準は、砂質・礫質等の不飽和地盤の土中ガス透過度を求める方法について規定する。なお、ここで求められた土中ガス透過度は試験時の含水状態における値である。

この試験方法の概要は、以下の通りである。
現場に吸引用井戸を設置し、その井戸の吸引による周辺地盤への影響を調べるために、その吸引用井戸の周辺に観測井を設置する。吸引用井戸で、吸引を開始し、その時の吸引による圧力変化を、観測井で観測し、その観測データから、その地盤の透気性を直接的に測定し、平均的な地盤の透気係数を調べる試験である。

(b) 不飽和土の室内透気試験

不飽和土の室内透気試験は、まだ基準化されていないが、一例を紹介する。「保水性を制御した不飽和土の透気係数の測定」（注5-4）が、報告されている。この報告には要旨が記されており、以下の通りである。

本論文は、土構造物への降雨などの浸水に伴う間隙空気挙動の検討のため、不飽和土の透気特性を究明したものである。不飽和土の試料層にサクションを与えて飽和度を制御しながら透気係数を測定できる手法・装置を開発・提案して、土の保水性と透気係数の関係を考察した。その結果、提案装置・手法によって、不飽和な砂やシルトについて、10^{-3}〜10^{0}cm/s の範囲の透気係数を測定できることが判明した。（以下省略）

また、本文中に、不透気に関して、記されている。
残留飽和度 S_{ro} から最大飽和度 S_{rs}（＜100％）までの範囲では、透気係数はおおよそ3オーダーの範囲で変化した。（中略）一方、最大飽和度 S_{rs} よりも大きな飽和度範囲では透気が生じなかった。

飽和状態に近い場合、つまり、最大飽和度 Srs 以上では、気体が流れない（＝「透気が生じなかった」）とし、透気係数は、ゼロとし扱っている。それは重要な事実であると考えるが、そのことに関して考察はほとんどない。

試験では、不圧・加圧の両方を、供試体（土砂）に作用させるが、その供試体の圧力作用面には、フィルターが設置されている。つまり、急な土砂の移動等を防止する目的で、供試体（土砂）の両端面を保護する試験装置になっている。試験装置は、地盤の破壊を対象にしておらず、地下水の土砂内における浸透（流れ）を確認することを目的としている。

この種の試験とそれによる解析では、地盤の破壊現象を解明することは、出来ないと理解できる。その理由を整理すると、次の通りである。
①提案されている透気試験は、小さい圧力差でしか試験されておらず、大きな圧力差は試験の対象となっていない。つまり、飽和度が100％に近い場合は、透気は生じないとし、透気係数は、ゼロとしてのみとして扱われている。
②土質の性状は各々異なるが、一般的に、圧力差が大きくなると、飽和度100％近くても、透気が生じる。また、圧力差がさらに大きくなるか、あるいはその圧力差が長時間作用し続けると、飽和度が低下する等の影響も生じ、気体は噴発し、最終的には地盤が破壊する現象が生じるが、フィルターで保護されていると、その現象は確認できない。

この地盤破壊現象を透気試験より解明するためには、新たな透気試験方法が必要となる。

（2） 透水性

従来の透水試験は、基本的には、飽和状態で試験することとしているが、透気と同じように地下水の挙動等の解析の必要性が高まっているため、不飽和土の透水試験が考案されている。

しかし、「室内透水試験法の変遷と今後の課題」（注5-5）に示されるように、まだ確立されていないのが現状である。以下その抜粋を記す。

①現場の不飽和土透水試験
　降雨浸透による斜面崩壊や洪水時の河川堤防の決壊等の地盤災害が最近の豪雨

によって日本中の多くの地区で発生している。このような現象を予測するには、原位置での不飽和状態の地盤を対象とした試験が有効である。しかし、飽和度を変化させながら原位置でのこのような透水試験を遂行することはきわめて特殊な試験で、現実としてあまりやられていない。

②室内の不飽和土透水試験
　原位置の各層よりサンプリングした供試体を対象とした室内での不飽和土の透水試験方法としてRichardの定常法や非定常法である瞬間水分計測法を先に述べた。しかし、斜面崩壊や堤体に関するシルト質の土に対してこのような試験をすることは現状でもきわめて困難である。

　また、最後に「室内での透水試験法に関しては、まだまだ開発しなければならないテーマがある」と記されている。

　透気性、透水性とも解析に重点がおかれ、あくまでも、気体及び水の緩やかな流れの解析である。その流れの解析は、自然環境等の課題に関しては重要である。しかし、液化流動等の土砂を噴出するような現象の解明には、既存の試験方法は適しておらず、見直しが必要であることが分かる。

（3）　透水・透気の定性的特性
　既存の報告書及び簡易透水・透気試験等によって、判明した定性的特性は、整理すると以下の通りである。

（a）透気性
①透気係数は、土砂の飽和度によって大きく変化する（保水性試験によって確認されている通りである）。
②土砂の飽和度が高く、圧力差が大きくない条件では、透気性はゼロ、つまり、不透気となる。
③土砂の粒径が小さいほど、大きな圧力差でも、透気係数ゼロの状態を保つ。逆に、土砂の粒径が大きいほど、小さな圧力差でしか、透気係数がゼロの状態を保

てず、粒径が大きくなるに従い、透気係数ゼロの状態は、ほとんどなくなる。
④透気発生後、圧力低下すると、その途中で、圧力がゼロになる前に、再び、透気がゼロになる。土砂の粒径が小さいほど、その時の圧力差は大きい。

（b）透水性
①透水係数は、土砂の飽和度によって大きく変化する。飽和度が低いと、土砂に含まれる気体が、水の流れを阻害するからである。
②水が噴出すると、その噴出力が空気に比べて大きいため、土砂は噴出しやすい。つまり、ボイリング現象が生じやすく、その後、パイピング現象となり、地盤が破壊されやすい。

（4） 課題
　ガスが溶存しない地下水が、地盤中を連続的に流れていれば、基本的に、その流れは変化せず、連続的である。しかし、地下水にガスが溶存すると、その流れに変化が生じる。
　溶存ガスが遊離ガスとなり、地盤が飽和に近い状態で、かつ、その圧力差がほとんどない状態では、低透水層下で、不透気が発生する。不透気であるということは、流れないということであり、その状態では、気体（ガス等）・液体（水等）とも、一時滞留するため、圧力差が生じてくる。
　このような状態では、液体または気体が地下深いところから連続的に供給されていても、途中で不連続な流れとなる。課題は、この不連続な流れの解明である。不連続な流れとは、間欠的な流れでもある。
　液状化（液化流動）現象を例にとれば、具体的な課題は、以下の通りである。
①連続的な流れが止まるとは、どのような現象か？
②流れが止まることにより、その範囲はどのように変化していくか？
③その範囲の変化は、周辺にどのような影響を及ぼすか？
　既往の液状化（液化流動）現象の観察結果、及び既に実施した簡易試験等から、上記課題に対して、想定された結果の概要と検証すべき課題①，②は、以下の通りである。
①連続的な流れは、低透水層下で、一時的に止まる。

②-1 ガスの一時滞留に伴い、低透水層下のガス滞留層の圧力が上昇し、かつ、水平方向にも圧力上昇範囲は広がる。
②-2 低透水層にはその下方から揚圧力が作用する。つまり、その層を隆起させるような力が作用する。
②-3 圧力には限界圧力があり、限界圧力に達すると、低透水層を通してガスが上方に抜け、低透水層及びガス滞留層の圧力が下がる。

　検証すべき課題①：限界圧力はどの程度の圧力か

③-1 上方にガスが抜けながら、地下水・土砂も上昇する。低透水層の上部にある地層の圧力が上昇する。
③-2 上記圧力上昇は、地表面に達し、従来、我々が地震時に見る、地表面の噴砂・噴水現象となって現れる。

　検証すべき課題②：間欠性があるが、一度発生した噴砂・噴水は、どのように止まるのか。

▼5.5　新たな着目と結果

　上記の想定された結果を確認すると共に、検証すべき課題の確認のため、以下の試験を実施した。その結果に基づき、想定される液化流動現象の発生過程を示す。

（1）湿潤状態（飽和）透気試験と結果
（a）基本条件と定義

　飽和の供試体に、空気圧を作用させ、透気特性を調べる。

　透気は、圧力差が大きくなると生じる。したがって、加圧状態で試験する。前記の透気試験同様、水位差を利用して、空気圧を作用させる。

　つまり、供試体（土砂）下方に、空気を注入（滞留）した状態で、一定量ずつ水を加え、供試体に作用する圧力を段階的に増加させ、その透気特性を調べる試験方法とした。

　この試験は、圧力差によって、透気特性が大きく変化するという、新たな概念を扱うことになるため、次の二つの用語を以下の通り定義する。

新たな用語の定義5：限界透気圧と停止透気圧

限界透気圧：飽和した土砂の下に、空気が滞留した場合、圧力差が低い状態では、不透気であり、ある一定の圧力差になると、透気が生じる。その透気が発生する時の圧力差を、限界透気圧とする。

停止透気圧：この限界透気圧に達した後、空気が抜け、圧力が低下すると、圧力差がゼロになる前に、再び、透気が止まる。その透気が止まる時の圧力差を、停止透気圧とする。

（b）試験方法

基本的には、透気試験と同じである。乾燥状態透気試験では、供試体の飽和度がゼロであり、それに対し、湿潤状態（飽和）透気試験では、間隙は完全に水で満たされた条件で試験する。以下、湿潤状態（飽和）透気試験での手順である。
①圧力差を徐々に上昇させる（圧力差が小さい時は、空気は流れず、滞留が保たれる）。
②圧力差を大きくすると、空気が流れ出す。その時の圧力差を測定する。その圧力差が、限界透気圧。
③空気が流れ始めてから、単位時間当たりの空気噴出量とその時の圧力差を測定する。限界透気圧後の湿潤透気係数として、測定結果より求める。
④引き続き、測定するが、水圧差がゼロになる前に、空気噴出が停止する。その時の圧力差を測定する。その圧力差が、停止透気圧。
さらに、同様の方法で行うが、③の状況で、
③' 空気を完全に噴出させ、停止透気圧になる前に、水が流れ出すようにする（例えば、試験開始時に、供試体下の空気量を少なくしておくことにより、停止透気圧まで圧力差が減少する前に、水が流れ出す）。水が流れ出した後、単位時間当たりの水の噴出量とその時の圧力差を測定する。限界透気圧後の湿潤透水係数として、測定結果より求める。

（c）試験結果（透気の定量的特性）

粒径の異なる数種類の試料で試験した。ここでは、試験で得られた結果の一例として、表5-1（桂砂7号）を示す。その表に試験結果に関するコメントも記してあるが、以下に、その結果を記す（以下の〈A〉〜〈D〉は表5-1の表記である）。
①圧力差が大きくなると、空気が流れ出す（限界透気圧〈A〉）。既に記した通り、

土砂の粒径が小さいほど、限界透気圧が大きく、土砂の粒径が大きいほど、限界透気圧が小さい。

これは、水の表面張力が関係している。不透気は、水の表面張力によって、気体の流れを阻止している状態であり、圧力差の増加によって、水の表面張力が保持できなくなると、透気が発生する。

②圧力差が小さくなると、空気の流れは、停止する（停止透気圧〈B〉）。限界透気圧同様、土砂の粒径が小さいほど、停止透気圧が大きく、土砂の粒径が大きいほど、停止透気圧が小さい。

これも、限界透気圧同様、水の表面張力が関係している。圧力差の減少によって、水の表面張力が保持できる状態になり、不透気に戻る。

ただし、各試料で、各々の限界透気圧と停止透気圧に違いがあるのは、水の表面張力の粘性的な性質によっていると考える。詳細は割愛するが、今後の課題であると考える。

③限界透気圧後の湿潤透気係数は、乾燥透気係数に比べて、小さい〈C〉。これは、飽和に近い状態であり、水により、気体の流れる流路が阻害されることによる。

④限界透気圧後の湿潤透水係数は、飽和透水係数に比べて、大きい〈D〉。これは、飽和に近い状態であるが、事前の気体の流れにより、地盤が乱され、水みちが出来ていることによる。

表5-1 透水・透気試験結果 （例：桂砂 7号）

	透水		透気				
	飽和透水係数 (cm/sec)	限界後透水係数 (パイピング後) (cm/sec)	乾燥		湿潤		
			乾燥透気係数 (cm/sec)	限界透気圧 (cm)〈A〉	停止透気圧 (cm)〈B〉	限界透気圧後	
						湿潤透気係数 (cm/sec)	湿潤透水係数 (cm/sec)
試験値	0.013	—	1.5	37	21	0.018	0.077
比較	—	飽和透水係数より大きい。	飽和透水係数を1.0とすると、115	—	限界透気圧より小さい。	乾燥透気係数を1.0とすると、0.01	飽和透水係数を1.0とすると、5.9
コメント	—	（条件により大きく変わる。）	飽和透水係数に比べ100倍程度で、比較すると非常に大きい。（大きな違いは、水と空気の粘性の違いによる。）	限界透気圧、停止透気圧は水の表面張力による。（この違いは、水の表面張力の粘性的な性質によるものと考える。）		乾燥透気係数に比べ、非常に小さい。飽和に近い状態であり、水により、気体の流れる流路が阻害されることによる。〈C〉	飽和透水係数に比べ、大きい。飽和に近い状態であるが、事前の気体の流れにより、地盤が乱され、水みちが出来ていることによる。〈D〉

注）試験値は、簡易試験により求めたため、測定精度は低く、有効数字2ケタのみを示した。ただし、各々の相関性に関しては、問題ない精度であると考える。

（2） 試験結果より想定される液化流動現象

想定される液化流動現象は、その地盤条件により色々なパターンが考えられるが、上記試験結果を参考にし、次の3ケースで、各々想定される液化流動現象の過程を示す。

<u>ケース1</u>：（低透水層の透水性が低く〈限界透気圧が高い〉、不透気性が維持しやすい条件）
低透水層が、限界透気圧に達する前に、地盤が破壊し、地下ガスが噴出する場合（盤ぶくれ現象）

<u>ケース2</u>：（低透水層の透水性が低くなく〈限界透気圧が低い〉、不透気性が維持しにくい条件）
低透水層が、その限界透気圧に達し、その層からほぼ一様に地下ガスが噴出する場合。

<u>ケース3</u>：（低透水層が均一でなく、ボーリング孔のような、弱点部がある条件）
低透水層が均一でなく、限界透気圧に達する前に、その弱点部から、地下ガスが噴出する場合。

用語の説明：盤ぶくれ現象

盤ぶくれは、一般的には、深い掘削において生じ、次のような現象である。
掘削底面以深に低透水層が存在し、さらにその下に被圧帯水層がある場合で、その低透水層に被圧帯水層の水圧が、揚圧力として作用し、その低透水層の抵抗力に比べて、その揚圧力が大きくなった時に、掘削底面が浮き上がる現象をいう。掘削底面が浮き上がる時、亀裂等が生じ、その部分から、被圧帯水層の地下水が噴出する。

先ず、ケース1の過程を記す。その液化流動発生概要図は、図5-5に示す。
<u>ケース1</u>：
①地震動によって、溶存ガスが遊離ガスとなり地中に発生する。地下水圧が上昇する。地表付近では、地盤のダイラタンシーにより、地盤が緩み、浮遊状態となる。
②遊離ガスは、その浮力によって、地下水中を浮上し、低透水層に近づき、ガス

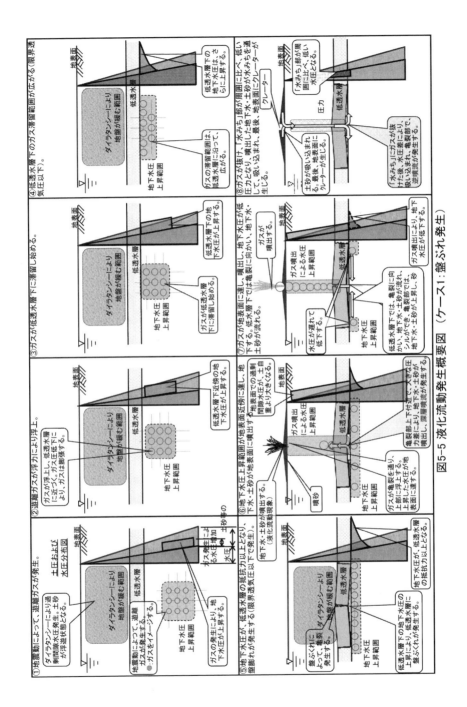

図5-5 液化流動発生概要図（ケース1：盤ぶくれ発生）

の膨張等により、低透水層近傍の地下水圧も上昇する。
③遊離ガスが低透水層下に達し、その初期の状態において、上部との圧力差が小さく、その低透水層の透気係数はゼロのため、「低透水層による一時的なバブルの滞留」が始まる。
④低透水層の下でのガス滞留範囲は広がり、低透水層直下での水圧は、さらに上昇する。
⑤限界透気圧に達する前に、低透水層直下の水圧（揚圧力）が、低透水層の抵抗力以上の圧力になると、その低透水層が盤ぶくれ現象を起こし、亀裂が入る。
⑥その亀裂から、先ず遊離ガスが、上部にある土層に噴出し、引き続いて、地下水・土砂が噴出する。この時、低透水層の亀裂部の上下部付近で、大きな圧力差が生じ、深層噴流が発生する。

さらに、その上部にある土層の水圧が上昇し、その水圧は地表面に達し、地表面に地下水が噴出し、かつ、地表面付近の水圧が土自重よりも大きくなり、土砂も噴出し、激しい液化流動現象が地表面に現れる。
⑦ガスが地表面に達し、地表面よりガスも噴出する。

また、低透水層下の亀裂より離れた範囲で、上昇していた水圧は、時間的に遅れて低下する。低透水層下にシルが、亀裂部にダイクが形成される。
⑧ガスが抜けた後、その「水みち（低透水層にできた亀裂等を含む）」部が周囲に比べ、低い圧力になり、周辺の地下水等が、その「水みち」に吸い込まれる。逆噴流である。地表面では、水と一緒に土砂が吸い込まれクレーターができる。

図０-１の線状につながった噴出孔は、このケース１である。地表面の噴出孔は、地下で低透水層に発生した盤ぶくれの亀裂ラインに沿って、ほぼ線状に連続して発生すると考える。

次に、ケース２を示す。①～④は、ケース１と同じため、省略する。
<u>ケース２：</u>
⑤遊離ガスの上昇の継続により、その圧力差が大きくなり、限界透気圧に達すると、遊離ガスがその低透水層を上昇し始める。ガスに続き、地下水も上昇する。
⑥遊離ガスの低透水層及び上部にある土層への流入によって、ケース１と同じように、その上部にある土層の水圧が上昇し、その水圧は地表面に達し、地表面に

地下水が噴出し、かつ、土砂も噴出し、液化流動現象が地表面に現れる。比較的、規模の小さな噴出孔が多数発生する。

⑦圧力差が、停止透気圧以上を保っている状態では、引き続きガスおよび地下水が低透水層上部に噴出し続ける。地下水噴出の継続により、各層の透水係数は、平均的には、大きくなっていくため、容易に噴出し続ける。圧力差が、停止透気圧以下になると、流れは中断する。

⑧ガスが抜けた後、その「水みち」部が周囲に比べ、低い圧力になり、周辺の地下水等が、その「水みち」に吸い込まれる。

ケース1、3に比べ、小規模な噴出孔である。

図0-1の単独噴出孔は、ケース2である。このケースは、低透水層の影響が小さく、容易に限界透気圧に達する場合である。このような条件で、小さな多数の噴出孔が生じると考える。被害はほぼ一様に発生する。

最後に、ケース3を示す。①〜④及び⑦⑧は、ケース1と同じため、省略する。

ケース3：
⑤限界透気圧に達する前に、その低透水層の弱点部より、遊離ガスが上昇し始める。ガスに続き、地下水・土砂も上昇する。

⑥ケース1、2と同じように、その上部にある土層の圧力が上昇し、圧力は地表面に達し、地表面に地下水が噴出し、かつ、土砂も噴出し、激しい液化流動現象が地表面に現れる。このケースでは、その周辺の低透水層下の地下水や土砂が、弱点部一ヶ所に集中して流れ込むため、噴出孔の規模が大きくなる。

図0-1の巨大な単独の噴出孔は、このケース3である。噴砂等が一ヶ所に集中するため、その被害規模が、非常に大きくなる。

以上、想定した3ケースの液化流動現象を示した。その確認のための検証試験等が今後必要であり、その結果等で得られた知見によって、新たな液状化対策を立案し、確実に実施しなければならない。

固体・液体・気体が互いに影響しながら流れる現象は、この地震時の液化流動現象だけでない。自然界で、多様な現象として生じている。このような「ガス発生とそのガスの地盤透水性への影響」を考慮した試験・解析等は、今後、他の多

様な現象の解明に活用できると考える。

　結果として、全く予想していなかった展開となり、本来の目的であった「ガスが井戸に及ぼす影響」の詳細は、未だ課題として残ったままである。

第二部 地震火災へ（パラダイムの広がり）

- 一章　新潟地震当時の液状化現象と考え方
- 二章　天然ガスの賦存と採取
- 三章　地下ガス（バブル）による液状化
- 四章　液状化類似現象と変則事例
- 五章　液状化の課題と検証
- **六章　ガス（バブル）の"悪戯"**
- **七章　地下ガスによる地震火災**
- **終章　地震火災への対応**

第六章

ガス（バブル）の"悪戯"

あらすじより

　液状化の共犯がバブルであったことを、我々は見落としていた。また、液状化以外にも、バブル（ガス）は色々な現象（≒悪戯）を起こしている。このガスの"悪戯"の例を示すが、これらに関しては、一つ一つ確証を得ている訳ではない。したがって、誤った解釈があるかもしれないが、液状化現象及びその類似現象の理解を深めるために示す。これらは、新たなパラダイムの広がりを示している。

▼6.1　地下工事でのガス（バブル）噴出　（流動化の事例）

　建設現場でも、ガス（バブル）噴出によるトラブルが発生し、社会問題になることがある。代表的なトラブルは、トンネル工事におけるガス爆発事故である。既に記したが、平成24年5月新潟県南魚沼市で発生した国道建設中のトンネル内でのガス爆発はその例である。ガス爆発は、死亡事故につながるため、その原因究明がなされ、それに基づき、法的に整備され、これまで色々な対策が実施され、その種の事故は以前に比べ減ってきているものの、時々発生する。

　トンネルのガス爆発事故以外に、ガス噴出に起因する事故が建設現場で発生している。多くの場合、ガス噴出後、そのガスが拡散・希釈されて、爆発につながらないため、あまり認識されていないようであるが、ガスの噴出に伴って、土砂を噴出させ、地盤の安定性を失わせる現象が生じることがある。ここでは、「地下工事でのガス（バブル）噴出」によるトラブル事例を紹介し、説明を加えることとする。

　これは、第三章で新たに定義した「流動化（定義：地層下方から揚圧力を受け、土砂等が流体となり吹き上がること）」の事例でもある。

　この事例は、「大規模土留め工の安定に関わる考察」（注6-1）の報告であり、

地下掘削工事にて、地下ガス発生により陥没事故が生じたと考える。

事故状況の経緯（下記　表1　鋼矢板沈下までの経緯）の中では、ガスに関しては、わずか一行「ガス発生」と記載されるのみで、この「ガス発生」と事故との関連性は記されていない。しかし、発生原因、考察及びまとめ等の各項でも、ガスに関する記載があり、ガス発生が事故等になんらかの影響を及ぼしていた可能性もあると考えられる。

報告の概要を示し、筆者の考えを記す。

1、はじめに

2重仮締切内の中詰め土の陥没、土留・仮締切の鋼矢板の沈下、仮締切内における噴水、噴砂が発生した。本論文は、その現象が生じた状態と、発生原因、対策について報告する。(中略)

4、鋼矢板沈下までの経緯

6月6日の湧水発生から7月2日の鋼矢板沈下するまでの現場状況を表1に示す。掘削を進めるに伴い湧水量が増加し、中詰め土の沈下する等状況が悪化していった。この状況を踏まえた対策としてウェルポイント工法による地下水位低下工法を行うべく、その準備を進めながら掘削作業を進めた。

結果として対策実施前に、土留・仮締切の鋼矢板の沈下、中詰め土の陥没、噴砂・噴水が起こったものである。

陥没の深さは、「仮締切下流側の中詰め土は、累計550cmの陥没が生じた」と報告されている。

表1　鋼矢板沈下までの経緯

6月 6日	湧水2箇所確認
6月12日	上流側中詰め土の沈下確認
6月18日	ガス発生
6月28日	別箇所より湧水発生、掘削中止
7月 2日	2段目下端までの湧水跡確認
	下流側で鋼矢板・中詰め土の沈下を確認
	作業中止

「5．原因調査」で、パイピング現象が原因とし「パイピングが発生した理由は、被圧地下水の帯水層に鋼矢板を打ち込んだときに使用したウォータージェットが地盤を緩めてしまったことが原因と考えられる」としている。

ただし、その前に、「パイピングの主たる揚圧力は現場透水試験で確認されたＧＬ＋4.0m（標高マイナス1.2m）にも及ぶ被圧地下水であると伺える。また水溶性ガス（炭酸水のようなもの）の存在も確認され被圧地下水の発生に大きく荷担していると考えられる」と記されている。「大きく荷担している」と記されているものの、具体的な記載はない。

本工事担当の方も、事故を目の当たりに見て、ガスの影響も考慮すべきと考えたのかもしれない。しかし、当時、既存のパラダイムでは、具体的に「水溶性ガスがどの様に荷担したか」を示すことができなかったのであろう。ウォータージェットによる地盤の緩みも、事故の一因であるが、これまで説明してきたように、地震動などの繰返し応力によらない地下ガス発生により、「流動化」が生じたのであろう。

さらに、「8、考察及びまとめ」の中で、以下の記載がある。

ジーメンスウェル工法は、真空ポンプで地下水を汲み上げる工法であるが、水溶性ガスの影響により、当初計画の汲み上げ量をなかなか確保できなかった。そのためウェル本数を増やすことで地下水位を低下させた。

水溶性ガスの影響により、ポンプの汲み上げ量が確保できなかったと記されているが、水溶性ガスがどのような影響を及ぼしているか、コメントはない。ウェル（＝井戸）により地下水を低下させる場合、地下ガスが水位低下に大きな影響を及ぼすことは、少なくない人が経験しているのではないかと思われる。

工事等の計画にあたっては、その地盤の現場透水試験等が実施され、その結果に基づき、計画し、工事が実施される。しかし、現場透水試験時の地下水位低下量は小さく、従って、地下水の流速も小さいため、溶存ガスはほとんど遊離しない。そのため、地下ガスの影響はほとんど生じない。しかし、実際の施工中においては、地下水位低下量が大きく、地下水の流速も大きくなり、地下ガスの影響が出て、計画通りの結果とならない。そして、この事例のように、真の原因が把

握されないまま、施工方法の見直しが行われている。これらに対する検証も、今後の課題である。

なお、この工事は、国道8号線の大野大橋の拡幅工事であり、新潟市西区に位置し、この地域は、地質調査所の『日本油田・ガス田分布図』に記されている「新潟県下の油田・ガス田」図によれば、「新潟産油・産ガス地帯」に分類される。

▼6.2　産業廃棄物（産廃）処分場

産廃処分場に、有機物が埋立てられると、埋立て後、地下において、有機物が発酵し、メタンガスとなり、地下に滞留された状態になる。ガス発生によるトラブルが生じないように、埋立地の周囲等には、ガス抜き井戸が設置され、管理されているため、その関連のトラブルはあまり生じていないのが現状であろう。

しかし、地震時等にトラブルが生じる。宮城県村田市の産廃処分場の事例を示す。この事例の事業に関係している方々および付近の住民の方々には、申し訳ないが、液状化の実験現場にも思える。

第11回評価委員会「村田町竹の内地区産業廃棄物最終処分場生活環境影響調査報告書概要版（宮城県）」（注6-2）が公表され、その中に「報告事項1：東北地方太平洋地震の影響に関する現地調査について」と題し、地震時の被害等に関する報告がされている。

被害に関して記す前に、先ず、本産廃処分場の経緯の概要を記す。

本事業は平成2年12月から開始されたが、硫化水素が発生する等の生活環境保全上の支障が生じ、安定型以外の産業廃棄物が処分されている等の埋立の不正処分が発覚した事業であった。事業としては、平成16年3月に許可が取消された。対象となっている産廃処分場は、管理者が不在となり、宮城県が代執行している。

東日本大震災の時、本産廃処分場も地震の影響を受けた。その被害状況は、上記「東北地方太平洋地震の影響に関する現地調査について」に記されており、その内、液状化に関する内容の抜粋を記す。

処分場の被害：液状化による噴砂、地面の亀裂、浸透水の噴出、井戸の浮き上がり、排水側溝のひび割れ、法肩の崩れ、周辺フェンスのずれ、停電による機器

類の停止等が発生したが、多機能性覆土の亀裂・陥没、排水側溝の損壊等支障除去対策の機能を損なうような大きな被害はなかった。

　地震後の発生ガス及び浸透水の状況：No.3 井戸脇から浸透水が噴出したこと、場内で液状化によると思われる噴砂が起きたこと等から、地震発生直後はガスの放散量が一時的に増加したものと推測される。（中略）4月20日に実施した発生ガス等調査の結果では、発生ガス量、硫化水素濃度、浸透水水質等に特に異常は認められなかった。

　地下水の変化：観測井戸の水位は、全般的に地震直後に一瞬上昇した後に元の水位よりも低下し、その後徐々に元の水位付近まで回復する傾向がみられた。地震後に地下水位が何故低下したのか、その仕組みは不明であるが、時間経過とともに水位は回復していることから、水位低下は一時的な事象と考えられる。

　確かに一時的な現象だったのであろうが、発生原因に関して、コメントはない。また、ネット上にも『（映像）竹の内産廃　地震直後のガス噴出』（注6-3）に、その映像が掲載されており、映像とともに、以下のコメントが記載されている。

　大震災直後、（中略）安全を確かめ、とにかく竹の内に急ぎました。処分場周辺、場内、いたるところ盛大な液状化噴出中でした。噴出常襲孔＃3はご覧の通り、ガス臭が立ち込めていました。

　実際に映像を見ることができる。43秒の映像である。最後に、噴出孔がアップで写されている。それによると、単に地下水が噴出しているだけでなく、気体発生が確認でき、また、「ガス臭が立ち込め」との記載の通り、当時、ガスが地下水と一緒に発生していた。
　この現象は、地震時に生じる液状化現象と同じ現象であると考える。その想定される現象は、以下の通りである。
①産廃処分場の地下水には、発酵等により発生していたガスが、遊離または溶存ガスとして含まれていた（今回の場合、ガスの主成分は、メタンガス以外であったようである）。
②地震による振動で、溶存ガスが、地盤中にガスとして遊離した。それにより、

周辺の地下水圧が一時的に上昇した。
③遊離ガスは、地下水中を上昇し、地下水圧を上昇させ、水と共に砂を地表面に噴出させた（小規模な液状化現象である）。
④その後、遊離ガスの一部が井戸内に流入し、地下水圧が低下することにより、砂を噴出させるほどの勢いがなくなり、水だけの噴出となる（映像で見られるような現象となる）。
⑤ガス発生が止まり、地下水圧もほぼ元の状態となる。しかし、発生したガスは噴出孔付近のフィルター層等に付着した状態を保ち、地下水位が低下したような状況が続く。その後、時間とともに付着したガスが、噴出孔から徐々に出ていき、最終的に（つまり数日後）元の地下水位とほぼ一致した状態となる。

　地震直後、ガスが発生するが、地質条件等によって異なり、一様でない。そのため、産廃処分場の井戸の地下水位は、ガス発生の違いにより、全く違った挙動を示すのであろう。
　地震地下水観測ネットワークの観測井戸の地下水位も、地震時に違った挙動を示す。原理は基本的に同じであると考える。

▼6.3　間欠泉
　間欠泉は単一でない。「島根県木部谷間欠泉における振動について(温泉科学)」（注6-4）に以下の通り報告されている。

　間欠泉には、水の沸騰により生じる間欠沸騰泉と炭酸ガスなどのガスの圧力により生じる間欠泡沸泉がある。別府竜巻地獄、鬼首間欠泉、アメリカのイエローストーン国立公園にある Old Faithful Geyser など、良く知られる間欠泉は、地熱地帯にある間欠沸騰泉である。一方、間欠泡沸泉は、原因となるガスの状態が変わりやすいため、長く間欠泉として存在する例が少ない。したがって、その調査報告もあまりなされていない。

　間欠泉と液化流動現象は、その発生状況等が違うため、無関係のように思える。しかし、双方とも、間欠性があり、類似現象が生じている。上記２種類の間欠泉

の内、間欠泡沸泉の現象は、ガスの賦存が大きく関与しており、液化流動現象とほぼ同じ挙動を示していると考える。液化流動現象の原理を考える上で、参考になる。各間欠泉の概要と原理を示し、液化流動と間欠泡沸泉の類似性を示す。

（1） 間欠沸騰泉

間欠沸騰泉の概要は、次の報告書から理解でき、かつ、モデル実験で検証できるように、この間欠沸騰泉の原理等は明らかなようである。

「垂直円筒容器内のガイセリングに関する研究」（注6-5）に示される通りであり、以下にその原理等を記す。

下端が閉じられた垂直管内の液体を加熱した場合、内部の液体が急激に激しく沸騰し、条件によっては間欠的に液体の噴出と再流入を繰り返す突沸現象が発生することが知られている。こうした突沸に伴う管外部への液体噴出現象はガイセリングとも呼ばれており、温泉地帯で多くみられる間欠泉（Geyser）と類似した熱流動現象の1つとして注目され古くから研究が行われている。

ガイセリングは、長い垂直加熱管とその上部に自由表面を有するプレナムからなる流路系において、管の下端が閉じている場合や極めて小さい速度で流動している場合に発生する流動不安定現象の1つである。

実際の間欠沸騰泉の流路系は、上記説明の中の「極めて小さい速度で流動している場合」がほとんどと考えられるが、実験では、「管の下端が閉じている場合」を想定して行われている。原理的には、液化流動現象と異なるが、参考に、実験装置の概要を、図6-1に示す。実験装置は、主として下部沸騰容器、垂直ガラス管、上部プレナム及びヒーターより構成されている。

（2） 間欠泡沸泉

間欠泡沸泉は、前述のごとく、長期間、間欠泉として存在する例が少なく、調査報告も少ない。

間欠泡沸泉の代表的な例である「島根県木部谷間欠泉」で、化学的調査等がされている。「島根県木部谷間欠泉における沸騰中の化学組成の変化」（注6-6）お

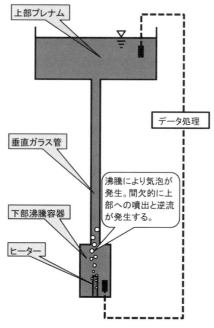

図6-1 液体噴出現象（ガイゼリング）

および「島根県木部谷間欠泉における振動について」（前出、注6-4）等の報告書があり、それら報告書の中に、色々なデータが示されており、有用なデータであるが、未だその基本的原理は、明らかになっていないようである。

（a）発生の条件

上記の報告書等を参考にし、また、「低透水層による一時的なバブルの滞留」の検証より、間欠泡沸泉の発生の条件は、以下の通りと考える。
①先ず、遊離ガス発生が第一の条件である。

地下水上昇量が一定で、かつ、地下水に地下ガスが含まれなければ、時間的には連続して一様に流れる。しかし、地下ガスが含まれる場合、地下水上昇に伴い、その地下水圧が低下し、その中に含まれる許容溶存ガス量も低下するために、遊離ガスが発生する。この遊離ガス発生が、間欠的な流れの条件でもある。
②第二の条件は、一時的に地下ガスを滞留させる地層が存在することである。

その地層とは、適当に狭い幅のクラック又はポーラス（多孔質で、液体・流体等が流れやすい）状の地層が存在することである。この層に、第一の条件で発生した遊離ガスが一時滞留する。その後、そのガス滞留量が増加し、圧力が限界に達し、ガスが地層中のクラック等の中を抜けることが条件である。

　「適当に狭い幅のクラック又はポーラス状の地層」以外に、管状の部分に砂等が充填されているケースも、一時的に地下ガスを滞留させる地層と考えられるが、ここではそのケースの説明は割愛する。

（b）過程

　以下その過程を記す。（図6-2 間欠泡沸泉順序図参照）

①遊離ガスは、上記、第二番目の条件である地層（間欠性発生層）の下の地層（ガス滞留層）で、一時的に滞留する。

　以下、各々の層を図6-2にも記す通り、間欠性発生層及びガス滞留層と記す。

②ガスが一時的にガス滞留層に滞留し、その層の地下水圧も、除々に上昇する。

③滞留しているガスおよび地下水は、低圧力時には、滞留されたまま、上方に浮上していかないが、滞留圧力には限界があり、その圧力に達すると、まず、滞留しているガスが、間欠性発生層のクラック等の中を浮上し始める。

④滞留状態が壊れ、ガス滞留層の上部空間に、ガスが流れることにより、その空間の地下水圧が、急激に上昇する。

　特に、その上部空間が大きく、噴出孔（地表面の出口部分）が小さい場合、例えば、水鉄砲のような構造の場合、元々その空間上部にあった地下水が、その噴出孔から、勢いよく地上に噴出する。

⑤ガスは、その上部空間を上昇するのに時間がかかるため、地下水噴出より、遅れて地表に噴出する。

⑥ガス滞留層の水圧は、ガスが抜けることにより、急激に減少するが、圧力差がある間は、ガスに続いて、地下水も上部空間に流れる。

⑦間欠性発生層下面の圧力差が停止透気圧になった時点で、その上下間のガス及び地下水の流れは止まる。

⑧上部空間に流れ込んでいたガスが、地表の噴出孔から、最後に抜ける時、地表面では地下水が急激に低下したような現象を起こす。

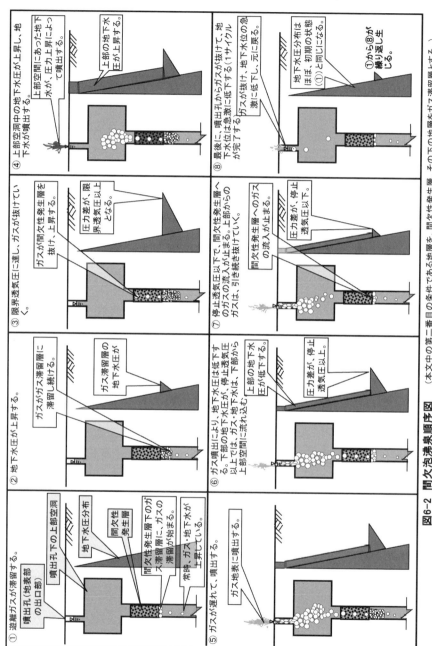

図6-2　間欠泡沸泉順序図（本文中の第二番目の条件である地層を、間欠性発生層、その下の地層をガス滞留層とする。）

ガス滞留層では、ガスが溶存する地下水圧が低下するものの、引き続き溶存ガスが遊離しており、また、そのガスが滞留され始める。その時点では、地表での噴出は休止状態となる。以上①から⑧が、繰り返される。

　この現象は、室内でモデルを作ることにより、再現できる。液状化との主な違いは二つあり、一つは、間欠泡沸泉の噴出孔付近に流動性の高い砂層等がない事であり、もう一つは、ガスが地下から常時供給され続けていることである。液化流動と間欠泡沸泉は、土砂噴出を伴うか伴わないか、また、短期的か、長期的かの違いであり、間欠的な現象は類似の原理によると考える。

参考6-1：〈泥火山〉

　間欠泉と同じように、ガスの賦存が大きく関与している現象として、泥火山がある。

　泥火山に関して、「新潟県十日町市における泥火山噴出物の起源（地学雑誌）」（注6-7）の、「1、まえがき」で以下のように記されている。

　泥火山は石油に関係するガス、火山性のガスによって噴出した泥によって形成された円錐状の地形的高まりと定義されており、その高さは数mから数十mであるが、中には500mに達するものもある。

　さらに、泥火山をもたらした原因として、異常間隙水圧層を想定しているようであり、その異常間隙水圧層に関して、以下の通り記されている。

　異常間隙水圧の直接的な発生原因は急激な堆積作用による下位の未固結層の圧縮、（中略）粘土堆積物中の有機物からのガスの発生などが有力とされている。陸上の泥火山は地下構造探査の困難さはあるものの、直接に泥火山より噴出された地下水、泥、天然ガスなどを採取し分析することにより、これらの異常間隙水圧層がどのような深度でどのようなメカニズムで形成されたかを明らかにすることができる可能性がある。

　「Ⅵ．まとめ」で、噴出物の深度が示されており、以下の通りである。ただ

し、この報告書では、天然ガスの噴出深さに関しては、述べられていない。

新潟県松代町室野に分布する室野泥火山から噴出された地下水は深度3,400mより深部に分布する七谷層から上昇していると推定される。

　泥火山は、世界各地に分布し、日本では、天然ガス等が影響しているようであり、新潟県や北海道にある。台湾南部にガス田があり、活動的泥火山が多くある。各々の泥火山によって、その噴出状況は異なるようであるが、間欠的な噴出と、地震後の噴出等がある。間欠的な噴出事例は、台湾南部の高雄県等にあり、地震時の噴出事例としては、北海道日高管内の新冠泥火山がある。この新冠泥火山は、2003年の十勝沖地震に伴って、観測された。
　液化流動現象と泥火山は、共に、天然ガスによって生じた現象であり、地下のどのような条件が深く関与しているか、共に明らかでないが、各々を類似現象として捉え、観測・調査すれば、各々の現象が解明されていくと考える。
　液化流動現象発生時、地下ガス発生が大きな原因であり、深い地層からの噴出と考えるが、その深さは明らかでなく、解明はこれからである。上記、3,400mの深部からの地下水の噴出は、その解明の一例である。上記報告等で示された調査方法とその調査結果が、液化流動現象解明に役立つと考える。

▼6.4　その他の現象

　間欠泉に関しては、模型実験等で、再現性を確認できる。一方、以下の現象に関しては、これまでの報告・文献からの推測であり、その真実性は高いとは言い切れない。しかし、ガスが我々の普段の生活等に、どの様に関わりを持っているかを考える上で参考になると考え、あえて、検証は出来ていないが書き加える。

（1）　かまいたち（鎌鼬）

　かまいたちは、各地に伝承として、語り継がれ、現在も時々起きていると言われている。広辞苑から引用すると以下の通りである。

物に触れても打ちつけられてもいないのに、切傷の出来る現象。昔は鼬（いた

ち）のしわざと考え、この名がある。

　その原因は、部分的な真空状態が生じた場合に発生する等の説があったものの、現在は否定されているようである。現在も、日本だけでなく、中国、ヨーロッパなどでも、まだ、「謎に包まれた現象（≒迷宮入り科学の一つと考える）」であるとされている。日本では、「かまいたち」の他に、地方によっては、「荒神様」、「魔の人」等の名称で呼ばれているようである。また、ヨーロッパでは、「妖精の投げ矢」などと呼ばれている。
　以下、日本での発生場所・状況等を示し、想定されるかまいたちの現象を説明する。

（a）発生場所
　かまいたちは実際どこで起きているか。色々な説があるが、国際日本文化研究センターによる『怪異・妖怪データベース　かまいたち』（注6-8）に、検索例として68例が掲載されており、そのデータから地域性を考察する。68例の内、地方が特定されている事例が、63例であり、各県の事例数は以下の通りである。

　26例：新潟県
　　5例：和歌山県
　　4例：宮城県、岐阜県
　　3例：長野県、栃木県、埼玉県
　　2例：福島県、千葉県、愛知県、京都府
　　1例：岩手県、群馬県、神奈川県、福井県、富山県、静岡県、兵庫県、

　かまいたちは、越後七不思議と言われているようであり、圧倒的に、新潟県が多い。
　ガス田がある府県がほとんどである。『日本油田・ガス田分布図』によれば、京都府、福井県のみが、ガス田を有しない府県に分類される。ただし、両府県とも沖積低地があると共に、液状化現象は過去に発生しており、実際は天然ガスを賦存しており、ガス発生の可能性は低くないと考えるのが妥当であろう。

(b) 発生時期

かまいたち発生時は、強風が吹いていたと言われている。

低気圧が接近し、気圧が下がった時、かまいたちが発生すると考える。つまり、地下ガスが発生しやすい、環境になった時に発生すると考える。

(c) 発生状況

「日本の妖怪百科（監修岩井宏實）」（注6-9）の「鎌鼬」の項に、色々な言い伝えが記されており、その例は、次の通りである。

①旋風とともにあらわれ、人を切って生き血を吸うといいます。
②突風が吹いて、人は気絶しますがすぐに正気をとりもどします。
③着物と脚絆とのあいだに骨まで達するほどの深い傷を負っているといいます。

そして、かまいたちの現象として、突風又はつむじ風のような絵が表わされているが、実際の画像等はなく、現代も、迷宮入りしたままの現象である。

(d) 想定現象

以上の状況等から判断し、「かまいたちの原因：地下ガス噴出」説を説く。以下のような現象が生じていると考える。
①地下ガスを賦存し、地下ガス圧が比較的高まっていた地域において、低気圧通過時等で気圧が低くなった時、ガス圧と大気圧の均衡が崩れ、急激に地下ガスが地表より噴出する。
②地下ガスに含まれる化学物質が、空気砲のような噴出で、人の肌に当たり上記のような深い傷を負わせる。また、ガスのある成分が、人を一時的に気絶させる。
③目には見えないが、ガスの流れが生じ、人には、突風又はつむじ風が生じたように感じられる。瞬間的な現象であり、ガスは拡散され、基本的には、証拠は何も残らない。

このような現象に対して、日本、ヨーロッパで、色々な名称が付けられている。その名称を付けた人の、感覚が分かるような気がする。

（2） ガマが噴く

　河川の堤防で、まれに「ガマが噴く」と言われる現象が生じる。「ガマが噴く」とは、河川の増水時、河川の堤防内から気泡を含む水が噴き出す現象であり、河川堤防決壊の原因になるケースがある。
　この現象も、バブルの"悪戯"によると考える。以下、その仮説である。
　河川堤防は一般に土砂でできているが、間隙がある。その間隙の中には、水及び気体が含まれている。河川の水位が高くなると、堤防内の水圧も高くなるが、ある一定の水圧までは、その気体は堤防内に滞留し続け、堤防内を浸透する水は一様な浸透を保っている。洪水時等、河川の水位が上昇し、堤防内の水圧が上昇し続け、堤防内に気体が滞留し続けるための限界透気圧に達すると、その気体が堤防外部に噴出し、続いて水が噴出する。これが「ガマが噴く」との現象となる。ガマが噴いた後、そこに水みちができ、引き続いて、土砂を伴った水が噴出し、堤防の決壊へとつながっていく。
　堤防の土砂は、施工時、重機等で締め固められるが、締め固め時、土砂の間隙には空気が含まれている。なぜなら、土砂の間隙が完全に水に満たされていると、土砂を十分に締め固めることができないためである。その堤防施工時、最も固く、締め固める条件の一つは、土砂に含まれる水と空気の割合が適正であることである。その割合は、各々の土砂によって異なるが、ある一定の空気を含んでいなければならず、締め固めに適した水分量を、最適含水比と呼んでいる。河川堤防等の土砂を締め固める時の管理方法は、日本工業規格 「ＪＩＳ　Ａ 1210　突固めによる土の締固め試験方法」に定められており、最適含水比もその報告対象になっている。最適含水比は、締め固め管理上最も重要な指標の一つである。堤防には、「ガマが噴く」原因となる空気が含まれているのである。
　液状化時に、ガスの滞留が壊れた後、地盤が破壊する現象が生じる。「ガマが噴く」は、この現象と類似しており、気体の滞留が壊れた後、湧水が生じ、地盤破壊につながる現象である。
　独立行政法人土木研究所の「河川堤防の浸透に対する照査・設計のポイント」(注6-10)でも、下記のような指摘がされており、クレーターの写真が掲載されている。

洪水後の河川沿いの堤内地では、写真（省略）のクレーター状のもの（噴砂痕）

が見られる場合がある。「ガマが噴く」と言われるもので，河川沿いでは多く見られた現象である。

そのクレーターには、液状化特有の地表面に切り立った面が残っていない。「ガマが噴く」場合、その現象の途中で、気体と水が噴出されるが、最後に噴出しているのが、気体でなく、水であったと考えられ、そのため、その噴出孔の地表面には、切り立った面が残っていないと考える。

その他、第四章の「井戸の地下水変化による地震予知」及び「海面変化による地震予知」の仮説で示したように、ガスの"悪戯"によって生じている現象の中には、地震予知にかかわる現象があると考える。地震の前兆現象として、動物、特に、地中及び水中に住む動物の異常行動が多数報告されているが、これらの異常行動もガス噴出が関係している可能性を否定できないと考える。ガスの"悪戯"は、本章で示した現象を含め、沢山の不思議な現象の原因となっていると考えられるが、今後の課題である。

▼6.5　液状化現象の結びに
（1）　液状化現象のパラダイムシフト

現在、土質工学の分野では、地中の水の流れを、透水試験等によって測定している。ただし、その対象は、ガスを溶存しない地下水であり、事前に脱気した水を使用することとしている。

また、透水とは別に、透気も、つまり、地中の気体の流れも試験等で測定しているが、透水と透気は各々独立して測定されている。その双方が互いにどのように影響しあうかが必ずしも明らかになっていない。実際の地盤中で発生している現象は、単なる透水でないし、単なる透気でもなく、透水・透気が影響しあいながら、複雑な流れを示している。

既存のパラダイムでは、液体の中に気体は含まれていても、平均的に含まれているとして、別々の挙動はほとんど考慮されていない。また、連続性のある挙動であり、破壊を伴うような、不連続な挙動は考慮されていない。

地下水中には気体が含まれている現実を踏まえ、地震時の液化流動を含む、地盤破壊現象の原因を解明し、その対策を立てない限り、それに関連する事故等を

防ぐことはできない。

　今後は、新たなパラダイムに移行すること、つまり、液体の中に気体は含まれていることを条件として、現象を解明する必要があると考える。パラダイムシフトに伴い、通常科学が新たな展開となる。これまでの液状化対策等は、見直しが必要になる。

　これまで、液状化現象は、「ダイラタンシーによる地下水圧の上昇」によると、学会等を含め、一般的に定義されていた。その定義に基づき、研究等がなされ、その液状化防止のための対策も多数実施されてきた。しかし、我々が実際に目にしていた液状化（液化流動）現象は、「ダイラタンシーによる地下水圧の上昇」だけが原因でなく、「地下ガス発生による地下水圧の上昇」がその大きな原因であった。これまで実施されてきた液状化対策は、「ダイラタンシーによる地下水圧の上昇」をその原因とする定義に基づき計画・実施されており、確かにその定義においては有効であったと考える。ただし、「地下ガス発生による地下水圧の上昇」を原因とする定義に見直さない限り、液状化（液化流動）に対して、有効な対策にはならないと考える。

　本書の副題に、「パラダイムシフト」を記した理由でもある。先ず、新らたなパラダイムに関する基本的な合意が必要であると考える。

（2）　地下ガスを認識し続けること

　我々が住む街の地下にガスがある。

　現在、企業等で「見える化」管理が導入されている。「見える化」とは、現場の状況や問題等を視覚的に表現し、普段からその状況等を見えるようにし、管理することである。「見える化」も重要な管理であることは、間違いないが、さらに、状況そのものが不明瞭な場合、「観える化」が必要になるのであろう。「観える化」とは、単に目で見るだけでなく、見えないものを含め観測し、五感で観ることである。

　以前は、そのようなことを認識し、東京下町低地の建設現場で杭を施工する際は、「地下にガスがある」との前提に立って、安全管理を行っていた。例えば、気泡が出てきたら、ガスそのものは見えなくても、地下のガスだと考える。或いは、見えないガス濃度を観測・測定する。そして、ガス爆発等の重大災害になら

六章　ガス（バブル）の"悪戯"

ないように、火器使用の中止、掘削の中止等の対策を必ず実施した。地下ガスが発生すること自体は、自然現象であり、災害でない。地下ガスの存在を理解せず、そのガス発生を危機予知の一つの現象と認識できず、適切な観測や対応を欠くと災害が生じる。

　最近は、地下にガスがあるとの認識が、薄れてきている。したがって、もし地下から気泡が出てきても、それを危機予知の現象と認識しないケースがあるのではないか。

　大切な事は、建設現場での対応と同一である。地震時に、地下ガスが発生することは、自然現象であり、災害でない。その現象は瞬間的に生じる。地下ガス発生を危機予知の現象と認識せずに対応すると災害が生じる。万一、地震時に地下から発生する気泡を確認したら、そこにいるすべての人が、危機予知の現象と認識し、火気・換気等に細心の処置をとることが大切である。また、ガス噴出は一瞬で生じ、他人に確認したり、専門家の判断を仰ぐような時間はほぼゼロであり、その場に居合わせた各人が、正しく判断しなければならない。少なくとも、地下ガスの噴出は、想定していなかったと、ならないようにしなければならない。

　地震時の地下ガス発生は、条件が揃った時であり、数十年或いは数年後か。発生時期は、現状では予想できない。怯える必要もないが、明日起きるかも知れない。大切なことは、そこにいるすべて人が、知ることと、心構えること、そして、けっして忘れないことである。

　古くは、鎌倉時代、鎌倉の若宮大路付近で、地震時に地下ガスが噴出し、青い焔として現れたように、我々の住む街でも、大地震の際には、地下ガスが噴出する可能性がある。

　ここまで書いてきて、これまで全く認識していなかった新たな課題「地下ガス（バブル）による地震火災」が生じてしまった。

第七章

地下ガスによる地震火災

あらすじより

　科学革新の広がりとして、追加の一事例「地下ガス（バブル）による地震火災」を、関東大震災時の大火の実態等より明らかにする。地震時に、類似の大火は、日本に限らず、外国でも多数起きていることを示す。

〈本章を読むに当たって〉
　本書は、液状化現象を対象に書き始めた。火災に関する本章に関しては、全くの専門外であり、理解不足等もある。十分な検証後、別冊で書くべき内容であると認識している。しかし、それでは、時間がかかり過ぎる。この課題を提起し、より身近な問題である防災・減災に、少しでも早く役に立てたく、本書に書き加えることにした。
　地震時の「液状化」と「火災」は、一見全く違った現象に思えるが、基本は同じである。「液化流動現象の真の原因」を理解しないと、「地震火災の真の原因」の理解も難しい。既に記した「液化流動」を認識することが先ず大切である。その後、最も重要である「火災」を理解してもらいたい。

▼7.1　関東大震災の大火

　多くの人が住む関東平野の一角、鎌倉で地震時に地下ガスが噴出し、また、東京下町には、地下ガスがあると指摘してしまった。地下ガスは発生するだけで済むのであろうか。地震後、火災、津波が、地震災害を拡大させることを我々は十分認識している。完全ではないが、津波に対しても、火災に対しても、種々の対策を立てている。しかし、地震後、地下から発生するガスに関しては、分かっていない。したがって、その対策等は全く考えていないのが現状である。火災が生

じなければ、地下ガスは撹拌・希釈されてしまうため、ガスに関わる地震火災は、ほとんど何もなかったかのように終わる。しかし、対策を誤ると、地下ガスによって想像を絶する災害が起こり、甚大な被害が発生する。

関東大震災はその典型であり、震災後の沢山の報告書に、地下ガス発生の証拠となる記録が埋もれている。

（1） 関東大震災の大火の真相

（a）関東大震災

関東大震災は、近代日本における大災害（＝大火）であり、大正12（1923）年9月1日に発生した。多くが語られ、多くの資料が残されてきた。日本の成人であれば、ほとんどの人が知っている大震災である。ここでは、その説明は、省略する。

（b）大火の原因は地下ガス

関東大震災時に大火が発生したことも、一般に、広く知れ渡っている。しかし、その実態は、風化されつつあるのか、筆者自身も、忘れかけていた事実があった。

重要な点は、2点である。
①大火となった原因は、諸説あるが、未だ解明されていない。
②朝鮮人・社会主義者による放火説の流言飛語により、当時、天災（地震）による混乱以上に、人災による混乱が起こったが、その真相は、未だ解明されていない。

震災後、約一世紀、科学が格段に向上したはずであるが、この2点に関しては、未解明のままとなっているのが現実である。そして、約一世紀を経た今では、原因解明は止まり、一部専門家を除いて、忘れ去られつつある。

ここで、先ず筆者の考えを示す。2点あるが、特に1点目が本章の主題である。
①大火になった原因は、地下ガス発生であり、主犯であった。
②流言飛語は、地下ガス発生による火災発生を見た人がいて、原因が分からないまま、放火と誤認し、特定の人を犯人と誤って判断したことが始まりであった。

なお、この流言飛語発生後、暫くの間、政府等による不可解な不法弾圧等の事件が起こっているが、これらの事件に関しては、別の事象と考え、本書では扱わない。

（c）大火の真相

　象徴的な甚大な被害は、現在の東京都墨田区（当時の本所区）被服廠跡での大火であり、一箇所で約３万６千人の人々が亡くなった。なお、亡くなった人数は、諸説あるようであるが、本書では、下記森茂樹氏の著書の題名に従い、約３万６千人とする。

　『関東大震災　66年目の告白　被服廠跡の３万６千人は何故死んだ』（森英樹）（注7-1）で森氏は、実際に見ていたのであろうか、断言しているようである。以下、その書の冒頭で、記している。

自後東奔西走、人の声に耳目を傾け、六十年目の端緒を得て、六十六年目の今日、漸く本書の出版により、陽の目を見る事によって、数万の精霊の瞑目成仏を得れば誠に倖である。以上によっても原因は、瓦斯爆発による事は歴然である。このガス体は何処からきたものであろうか。

　そして、その後に「**平成元年　米寿の日にことよせて著者誌す**」と結んでいる。
　この著者森氏は、自分で見たことを、書き留めている。その原因はわからないが、「**瓦斯爆発による事は歴然である**」と、20代で経験したことを、米寿の時に書き残した。
　筆者自身、バブルを考えて20年。当初全く考えていなかったが、「地下ガス（バブル）による地震火災」が明らかになってしまった。
　地下ガス（バブル）は、関東大震災の時、「火」として、「煙」として、また「音」として、明らかに、当時の多くの人に、認識されていた。
　読者には、筆者が最初そうだったように、推理としてしか思ってもらえないと理解している。関東大震災の大火の原因は、不可解な点があり、それは火災によって生じる旋風、つまり火災旋風が、主な原因と考えられてきた。しかし、火災旋風だけでは、その不可解な火災は、完全には説明できていない。液化流動同様、地下ガスがその原因であると考える。先ず、そのことを理解してもらうことが最優先と考える。
　「地下ガス（バブル）による液状化（液化流動）」を記してきたが、「地下ガス（バブル）による地震火災」つまり、地下ガスが、地震火災の隠れた主犯であり、甚

大な地震火災を起こした可能性が極めて高い。約一世紀前の関東大震災の報告等だけを検証しても、真実であると証明することは、ほぼ不可能であるが、否定もできないと考える。関東大震災以前も以降も、類似の現象が生じており、それらを記すことによって、理解してもらえると考える。

　事実は、この約一世紀の間、迷宮入りし続けたようである。このような状況にあることは、トーマス・クーンの示した「科学革命の構造」によれば、まさしく「危機」である。

　関東大震災後の経過概要を、図7-1に示す。図に記された「各機関　主要震災報告書」を、主な検証資料としたが、その他、多数の体験談報告等を参考にした。各機関による震災報告書も大いに参考になったが、体験談報告に大火の真相が残されているようである。

　なお、火災旋風が大火の原因であったとの考えは、震災直後からあり、また、その後も最近まで検証されてきている。それが定説であろう。しかし、火災の原因は、必ずしも火災旋風がすべてではなく、今日に至っても、報告書等に、「現象の理解を深めるための研究が必要である」と記されている。火災旋風が実際発生した可能性は高いと思われるが、本書では、これを肯定する必要も、否定する必要もないと考える。したがって、火災旋風に関しては、これ以上は本書では触れない。

（2）　当時の液状化の実態と考え方
（a）液状化に関する記載
　関東大震災当時、液状化は大きくは取り上げられなかったようであるが、多数の報告書・記事等から、液状化と地下ガス発生が関連していることが分かる。興味深い記載は以下の通り。

①「ここにも生き残った話」（『関東大震大火災全史』〈注7-2〉、以下『大火災全史』と記す）

　いのちからがら被服廠跡にかけ込んだ。すると丁度中央に水道の鉄管が破裂して水があふれ出ていたので、その中に子供をひたし、自分も横たわったが、その

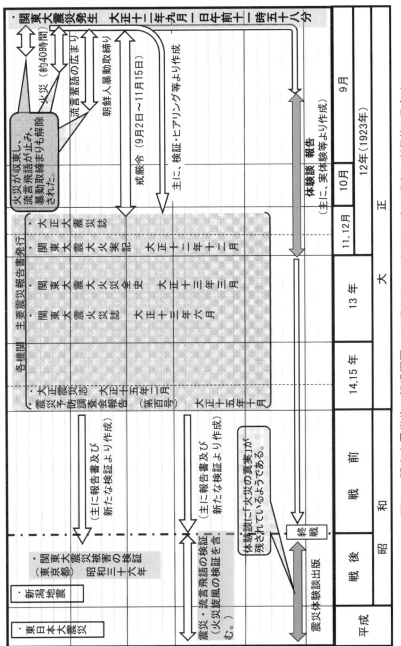

図7-1 関東大震災後の経過概要 （地震発生 1923年9月1日を1日目とし、対数的に示す。）

七章 地下ガスによる地震火災

時は火の手は加わる、避難者は雑踏するというので、(以下省略)

　地下から水があふれたとの記載は多数あり、上記は一例である。液状化（液化流動）現象による地下水の噴出は、近年においても、水道管の破損と誤解した例があるように、当時も、すべてのケースではないにしても、液状化（液化流動）現象を水道管破裂と誤解した可能性がある。

② 『大正震災志（復刻版）』 (注7-3) より

　又火災後一日以上も経過した後路上から突然爆発して近傍の土砂を吹上げた例も少なくないが、筆者の目撃したもので其の近傍の人は爆弾だと騒いだものの実は地下の瓦斯管の爆発であったものが沢山にある。

　水道管と同じようにガス管が破裂した記載は多数ある。しかし、本当にガス管が破裂したか、すべてが確認されているわけでない。震災直後、爆発の原因を都市ガスと考えていたようであるが、その後の火災原因調査の変遷については、後述する。
　また、「爆破して近傍の土砂を吹き上げた例」が記されている。地下に爆発物があれば、土砂を吹き上げるであろうが、地上で爆発した場合、土砂を吹き上げる程の威力があるのだろうか。土砂の吹き上げは、液化流動に伴う、噴砂と考えるのが妥当でないだろうか。当時の状況を想定し、検証実験を行うことはできるが、当時の詳細な目撃情報がなければ、当時どのような現象が起きていたか、正確に検証することは困難であろう。

③ 『大正大震災誌』 (注7-4) より
　本誌には、各区の震災状況が記されている。その中の日本橋の項に、震災直後、この地域で爆発が続く中、以下の現象が生じたとの記載がある。

　今度ばかりは対岸も火事で、船に乗れば船が焼ける。橋に出れば橋が焼落ちる。大川（隅田川）の水が熱湯のようになって、水面一尺 (約30cm) ばかりは手も

つけられぬほどだったといふ。

「熱湯のよう」と書かれているが、熱くなったのだろうか。新潟地震で信濃川から水柱が上がったように、地震の影響で地下ガスがバブルとなって、沸きでていたのではないかと考える。実際、川に逃げ込んで助かった人もいる。川の水が沸騰するほどの熱湯になっていたとは考えにくい。

(b) 液状化（液化流動）に関する考え方
『大火災全史』に「四、地震の影響・泥水沙の噴出」の項があるが、本史の位置づけを示すために、先ず「序」の抜粋を記す。

　地震国と称せらるる我等国民は、常に噴火山上に立っているのであるから、其の不意の襲来に備えるべく、地震に関する知識を得ていく必要がある、(中略)この一巻を備えて大正国民の遭遇したる歴史的事実を永久に記念せらるると共に、これを以て将来の災害に対する予備知識を得られ（以下省略）

本史は、震災関連の多くの報告書の中の代表的な報告書の一つである。液状化という用語はなかったが、「泥水沙の噴出」の項目で、以下の通り、液化流動に関する記載がある。

　大地震の際、地盤の裂け口からは、しばしば泥水や泥沙を噴出することがあって、噴出物の高さは、数丈（一丈は約3m）に達することがある。そしてその量は間々多量に上り、付近の地面に氾濫するに至ることさへある。或は多く噴水せざるも、その地方の井水が一般に増水することがある。しかしある場合にはこの反対に、永く涸渇することがある。地震後に於いて泥沙噴出の跡を見ると、あたかも小型の火山の美観を呈することがある。これ等の噴出物は、多くは地面に近い所の物質で、まれに深所から噴出することもあるが、しかしそれは多く従来あった泉等の変化に過ぎない。
　これら泥水泥沙の噴出は、地震の為に新たに地面から含水層に達する裂隙を生じた場合もあるべく、又以前からあったものを拡大することもあるべく、或は又

七章　地下ガスによる地震火災

地盤の沈降等地形上の変動によって、含水層における水圧をとみに増大して噴水を生じ、途中殊に地面に近き所の物質を多量に伴って噴出することもあるであろう。
　なお噴出物には、水や泥沙等の外に、気体である場合がある、この気体は多く炭酸瓦斯や硫化物や水蒸気等で、また塵烟が瓦斯に誤認されることがあり、火烟を発生することがあるというのは疑はしい。

　これが、当時の認識であり、液化流動現象は、十分に認識されていたことが分かるが、大きな誤認もあったようだ。当時は、やむを得なかったとしても、その後約一世紀、この誤認は見直されなかった。
　正確な認識とは、「**噴出物は、多くは地面に近い所の物質で、まれに深所から噴出することがある**」である。新潟地震以降、多くの液状化（液化流動）を経験しているが、最近まで、この「**深所から噴出する**」との考えは、ほとんど認識されないままとなっていた。
　大きな誤認とは、「**気体の多くは炭酸瓦斯や硫化物や水蒸気等で、また塵烟が瓦斯に誤認される**」である。震災当時、千葉県の茂原・大多喜地域等では、地下ガスが小規模ながら利用されていたが、東京及び千葉県東京湾北部沿岸では、地下深くにガスが賦存していると、認識されていなかったようである。

（ｃ）液状化（液化流動）の実態
　既に記した通り、新潟地震以後、液状化現象が社会的に取り上げられるようになり、関東大震災時の液状化現象の発生状況は、地震体験者からの面接調査等により、収集され、「1923年関東地震での東京低地の液状化履歴」に示されている。その資料より、荒川を挟んだ、現江東区、江戸川区を中心に、沖積低地の広範囲で、激しい液状化（液化流動）が生じていたことが分かる。

参考7-1：〈当時の液状化（液化流動）の認識〉
　大震災直後に、『誰にも必要なる地震の智識（大正12年10月）』（注7-5）が出版され、その「47　砂が噴き出る（噴砂）」で、液状化に関して、以下の通り記されている。

地震の際に、河辺の低地などに、地盤の割れ目からムクムクと土砂を噴き出すことは、珍しくない。濃尾大地震の際に、井戸の底から砂を噴き出して、全く井戸を埋めてしまった実例がある。明治39年、台湾の大地震の際に、噴砂のため数町（数百m）の田地が二尺余（一尺は約30cmであり、約60cm余）の厚さに被われたこともある。（中略）
　「地下何尺くらいの所から噴き出すか」と、云うと。普通の砂穴では、地下数尺の所から噴き出すものが多いようである。しかし中には随分深いものもある。

　用語は、液状化でないが、当時から、自然現象の一つとして認識されていた。その後、上記の考え方、つまり、場所は「河辺の低地など」で、深さに関しては、「随分深いものもある」と認識されていたものの、「地下数尺の所から」が液状化現象の基本的な解釈となり、地震発生の度に見直されたが、現在に至っていることは、既に記した通りである。

(3) 大火の実態と「地下ガス（バブル）による地震火災」説
　『大火災全史』等に、震災当時の大火に関する貴重な記録が残されている。大火の実態を示すとともに、「地下ガス（バブル）による地震火災」説を説く。

(a) 爆発音
① 「大震大火遠望の記」（『大火災全史』より）

　（9月1日）四時になった、五時になった。その頃、しきりに砲声が聞える。二三分毎に、ごうごうと、地に響いてとどろく。地震の来るのを知らせる号砲だろうなどと想像しあっていた。今砲兵工しよう（廠）で砲弾が爆裂しているのだ！と伝えて来る。石油やガスのタンクがすっかり破裂するのだ。薬品の爆裂だ！いろんなことが伝わる。夕ぐれが来た。地震と爆音とは絶えず脅かしてくる。電燈は消えて、大地は真っ闇だ。只南の方、東京市街の空だけは雲が赤くてりはえて、満天を焦がしている。

七章　地下ガスによる地震火災

「爆音は絶えず脅かしてくる」の音源は、「石油やガスのタンク」としているが、後述するように、それらが絶えず轟いていた原因であった可能性は低いと思われる。また、出火原因が薬品としている報告例も多いようであるが、その後の調査で、多くは出火原因不明となっており、原因不明の火災は、地下ガス噴出による爆発である可能性が高いと考えられ、その爆音が絶えず轟いたのではないか。
　同じような記載は沢山ある。一例を示す。
　「命からがら逃げ延びた記」(『大火災全史』より)

　ひっきり無しにドドーン、ドドーンという大砲のような轟きが続いて聞える。ゆさゆさと立樹のゆれるような地震が断続する。(以下省略)

②震災後の扱い
　上記は震災直後の市民の体験談として記載され内容である。震災の1年後、理学博士である小林房太郎が、「大震大火一周年記念号(太陽)」の「地震予知を論じて地震研究会の設立に及ぶ」(注7-6)の中の「昨年九月一日の大震災」の項で、「破裂する其爆声のすさまじさ」を記している。その抜粋は以下の通り。

　一番地震の災害に付け加へしたものは各所から起こった大火災であった。東京、横浜、横須賀、小田原等は全く火の海と化し右にも左にも前にも後にも火焔の立ち昇るのみならず、東京各地の如き瓦斯か何かが各所で破裂する其爆声のすさまじさ、水道は既に断たれ消防夫は何れに居るや分明ならず、只火の神の狂暴に委ぬる外なき有様で、その凄惨の状筆舌に尽すべき処でなかった。

　地震直後の市民の体験談等には、多数の爆発に関する記載があり、また、専門家も同様のことを指摘しており、爆発は確かにあったと考える。しかし、年が経つにつれ、報告書等で爆発に関する記載はほとんどなくなる。また、出火原因と爆破の関係については、ほとんど触れられなくなる。

(b) 再燃
①「大震大火遠望の記」(『大火災全史』より)

九月三日＝二日の夜半から！　さすがの猛火も焰の海を消してしまった。赤くただれた空をのこして、遠く近くにいくつかの白熱点をとどめるのみとなった。と、夜あけ方になって、又もや南の一点にぱつと火の手が上つた（≒再燃）。始めはちよろりと蝋燭形に、電光のような火を上げていたのが、十分もすると、一面の黒煙となり、白焔となり、きらきらと大火をかがやかした。三つ四つ、爆音（≒間欠的な爆発）もともない、中空へ火の玉をとびあげさへした。樹梢に登って臨んで、老功者は、遠く丸の内の火だといひ、あるものは上野の松坂屋がやけるのだといった。―しかしそれも夜のあける頃には、黒煙のみとなった（≒火災は終わる）。

再燃したのであろう。その現象は次の通りであると考える。

焼き尽くしたのであれば、その場所には、もう燃える対象物はない。しかし、再燃した。人為的にガソリン等を運び入れることは、ほとんど不可能である。液化流動現象と同じように、ガスは深層部から上昇してくる。途中一時的に、低透水層下で滞留されながら、一日以上経て、間欠的に地上に噴出する。その時、まだ火種が残っていると、「三つ四つ」ガスの噴出よって、爆発する。ガス噴出が終わると、燃え尽くし切って、火災は終わる。

②デパートの全焼

『関東大震大火実記』（注7-7）の「一八　三越を始めデパートメントストア全部焼け　其他の大商店大会社も全滅」の項に、以下の記載がある。

デパートメントスートアと名のつくものは一つ残らず焼けてしまった。松坂屋の如きは、一時焼け残って居たが、何でも自動車を飛ばしてきた不逞漢が、窓から爆弾を投げ込んだために、焼け残った喜びは束の間、哀れ狂焔の舐め尽くす所となったという。こういう噂は全市到る所にあって、現にそれを見たという人さえあるが、果たして事実であるかそれともいわゆる流言飛語であろうとここには疑問のまま伝えおく。

焼け残っていたにもかかわらず、爆弾が投げ込まれたとの噂があった。しかし、

犯人はおらず、流言飛語とも考えられている。このような記載は少なくない。焼け残った後、多くの場所で、爆弾が投げ込まれたような火災が発生したのは事実であろう。爆弾が投げ込まれていなければ、上記の通り、地下ガスが噴出した場所で、火気があった場合に、火災となったと考える。

そして、この筆者も「**果たして事実であるかそれともいわゆる流言飛語であろうとここには疑問のまま伝えおく**」と記してある通り、見たこと、聞いたことを素直に記したのであろう。

（c）発火場所

『大正大震火災誌』（注7-8）の中の、「大地震による火災」の項に、発火地点の地理的特徴が、以下の通り記されている。本誌は大正13年6月5日発行で、東京横浜両市の大火災に関して調査をまとめた資料である。

地震に伴う火災についての特徴は其の発火地点の地理的分布である。（中略）とにかく地震と同時に発火した場所を地図の上に記して見ると其火元の密度の大なる場所は浅草の千束町玉姫町とか或いは赤坂の田町とか要するに地盤の悪い所で多くは埋立をした新開地である。

発火原因が不明である地点は、当時の本所、深川、日本橋、京橋、下谷区等に集中している。これらの区は、東京ガス田の位置、または隣接した地域である。地下ガスの噴出が今回の火災拡大の主たる原因と考える理由の一つでもある。

関東大震災時の液状化履歴は、既に記されており、その図を見ると、液状化範囲と火災範囲が一致しているわけではない。火災範囲以外でも、液状化は生じている。火災範囲以外でも、地下ガス噴出は生じていたが、地下ガス噴出箇所でも、火気がなければ、火災が生じなかったと考える。

（d）その他

以下、地下ガスの決定的な原因ではないが、その可能性を示す現象を記す。
①不可解な雲
　清水幾太郎は、雑誌『諸君』の「関東大地震がやってくる」（注7-9）で以下の

通り、不可解な雲が発生したことを記している。

　９月２日の夕方、多くの避難民と一緒に平井駅の前にいた時のことを思い出す。突然、群衆の中の誰かが暮れかかった空を指さして、血の気を失った顔で、そこへ座りこんでしまった。みんなが空を見上げて、一斉に恐怖の悲鳴を挙げた。私が空に見たのは、大きな煙の輪であった。煙草の煙を口から吐き出しながら、小さな輪を作って見せる人がよくいる。何百メートルかの上空に、あの輪を何百倍か何千倍かに大きくしたものが現れたのであろう。

　不可解な現象である。ドーナツ状の煙の輪は、空気砲によって出来る。このドーナツ状の雲も、地下ガス又は他の気体が、空気砲と同じように、地下の圧力によって、噴出され、その結果、発生したのではないかと考えるが、検証が必要であろう。
②被服廠跡地での証言
　被服廠跡では、約３万６千人が亡くなったとされているが、助かった人もいる。その証言の中から、地下ガスに関係する記載を示すと共に、その実態を推測する。推測は、その区域の地形的変遷にまで遡り、参考７-２：〈被服廠跡地〉に記す。
「被服廠跡を逃れて」(『大火災全史』より)

　極度の惨害を被った本所から、九死に一生を得てかろうじてのがれかえった四十男が、当時の惨状を語る。「本所は地震と同時に想像の出来ないツムジ風が起り、火事よというまにガスタンクでも爆発したような勢いでもえひろがり、にげるひまもない程だった（中略）塀を乗り越て身を以てのがれ、安田邸の池の中に飛び込んだが、その時に何物かが被服廠の中ではげしい音を立てて破裂したので耳が遠くなり、以後はほとんど夢中だった。それから被服廠が火にかこまれたのでほとんど全部が焼死してしまった。（以下省略）」

　被服廠で、「ガスタンクでも爆発したような勢いでもえひろがり」、また、「はげしい音を立てて破裂した」との記載がある。つまり、被服廠跡地内でも、地下ガスが噴出し、爆発した。

七章　地下ガスによる地震火災

参考7-2：〈被服廠跡地〉

　墨田区の被服廠跡地で、大火により、約3万6千人が亡くなったのは、事実である。これまで、液状化との関連も語られることはなく、また、この区域に関して、その地形的な変遷は知られているが、大火との関連性の視点から、語られたことはない。この区域の地形的変遷を示し、液状化・大火との関連性を記す。

（1） 被服廠跡地の変遷

①被服廠跡地は、現在の墨田区に位置し、古くは海であり、江戸時代以前は、旧利根川の氾濫による湿地帯であった。

②明暦（1600年代中頃）の年代の古地図を見ると、この地域のほとんどが田と記されている。当時、本所と呼ばれていた。

③その後、都市開発のために、掘割が計画され、その掘削土砂で埋立てが進んだ。つまり、この付近は、当時造成された埋立て地(新開地)である。その後、江戸時代の古地図に「御竹蔵」又は「御米蔵」と記され、その全域が通常の埋立地のように表現されている。しかし、「東京都墨田区本所御蔵跡・陸軍被服廠跡NTT－G墨田ビル（仮称）建設に伴う墨田区横網一丁目遺跡第二地点発掘調査報告書」（注7-10）に、「本所御蔵絵図（東北大学付属図書館蔵）」が記されており、当時、その敷地内に多くの掘り等があったことが示されている。

　本所は、当時都市開発が行われたが、湿地のため開発が容易でなかった場所が、御竹蔵として、最初に利用されたのではないかと推測される。

④明治時代初期に作成された迅速図（1/2万）によると、確かに、陸軍省倉庫等の表記もあるが、その「被服廠跡地」大半は、「萱」と表記され、隅田川に通じる掘割があり、「被服廠跡地」内で、数筋に分岐していることが分かる。

⑤その後、掘割も埋立てられ、被服廠用地として、利用されていた。震災前に、東京府・逓信省等に譲渡され、公園の造成中に、震災が発生した。当時は、隅田川に通じる掘割は一本のみが残っていた。

図7-2「被服廠跡地の関東大震災大火・液状化までの変遷」に、その内容を示すと共に、各時期における概要図を示す。合わせて、被服廠跡地付近の各年代における掘割図等を、図7-3「被服廠跡地付近の変遷」に示す。図7-3は、「歴史的農業環境閲覧システム」(注7-11)の図面を基図とし、各年代の掘割等を書き加えた。なお、被服廠跡地として、現在、横網公園となっているが、1904年その南端部に両国駅が開業するまで、現在の横網公園より、広い用地が、被服廠用地等として利用されていたことが、図7-3からも分かる。

（2） 液状化（液化流動）発生の可能性

図7-2に示した通り、液状化（液化流動）が発生していた可能性は極めて高い。以下、その根拠となる資料等を示す。

①国土地理院公表の「明治期の低湿地データ」より

国土地理院から、土地利用の判断に参考になるよう、「明治期の低湿地データ」(注7-12)が公開され、以下のような説明がある。

「明治期の低湿地データ」は、明治期に作成された地図から、当時の低湿地の分布を抽出したものです。ここで言う「低湿地」は、河川や湿地、水田・葦の群生地など「土地の液状化」との関連が深いと考えられる区域です。

被服廠跡地は、低湿地の中の「茅（萱に同じ）」に分類され、「河川や湿地、水田・葦の群生地」と同じように「土地の液状化」と関連が深い区域と判定されており、「液状化の発生要因である「地下水位が高い」「地盤の締まりが緩い」土地と判断することができる」としている。また、「関東大震災での東京低地の液状化履歴」（前出、図2-7）でも、その用地の一部は、「液状化発生」ないし「井水の変化」があった地域として、示されている。

②建物被害状況の資料より

震災後、各種の被害状況が纏められ、色々な分析等が行われた。その中に、近年、「1923年関東地震による東京都中心部（旧15区内）の詳細震度分布と表層地盤構造」(注7-13)が報告されている。本報告は、詳細震度を調べる

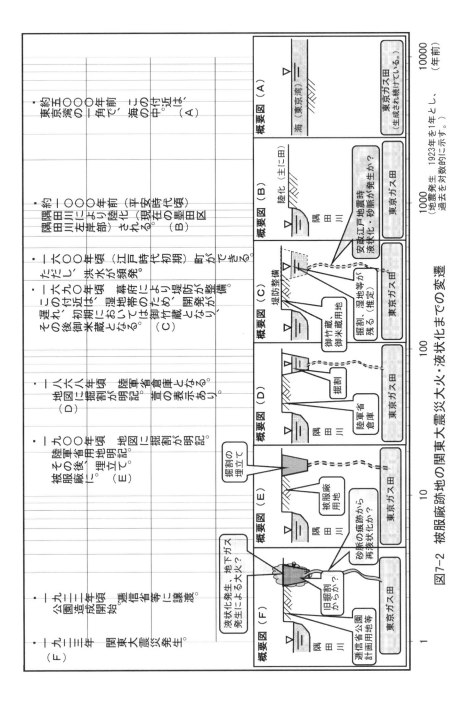

図7-2 被服廠跡地の関東大震災大火・液状化までの変遷

ことを、目的としており、本書の主旨とやや異なるものの、関連した内容でもある当時調べられた被害状況が「付表」に添付されている。関連した内容とは、被害記述と家屋の全潰棟数等である。その付表の「本所区横網町一丁目」の欄に、以下のような記載がある。なお、被服廠跡地は、現在の墨田区横網町一丁目とほぼ同一の区域である。

被害僅少只傾斜せし家屋は著しく有り　方向は南西。

　また、「被害僅少」にも拘らず、全潰棟数が他の区域に比べて非常に多い。世帯数537に対して、全潰棟数418である。都中心部を、1,000以上の区域に分け調査しているが、このような区域は、数例しかない。
　上記記載内容、また全潰棟数の多さからも、液化流動が発生していた可能性が高いと考える。

③「東京都墨田区本所御蔵跡・陸軍被服廠跡（中略）発掘調査報告書」より
　以下の記載の通り、本所御蔵跡は、湿地空間であったと記されており、周辺が新しい街として、整備されていたが、この一帯は湿地に近い状態であった。

文献調査の結果、本所御蔵の変遷が明らかになり、空地とされていた蔵内には、「ふけ地」と呼ばれる湿地空間があり、全体を蔵としていたわけでない。

　「ふけ地」とは、最近この用語はあまり使われていないが、広辞苑では「**泥深いところ。湿地。沼地。**」と記されている。

（3）　大火との関連性
　地下ガスが発生したとの正式なデータは残されていないようであるが、既に記した通り、震災体験者の証言からも、地下ガスは発生していたと考える。
　現在、液状化予測マップが公表されている。この予測は、「ダイラタンシーによる地下水圧の上昇」を考えの基本としている。被服廠跡地は、国土地理

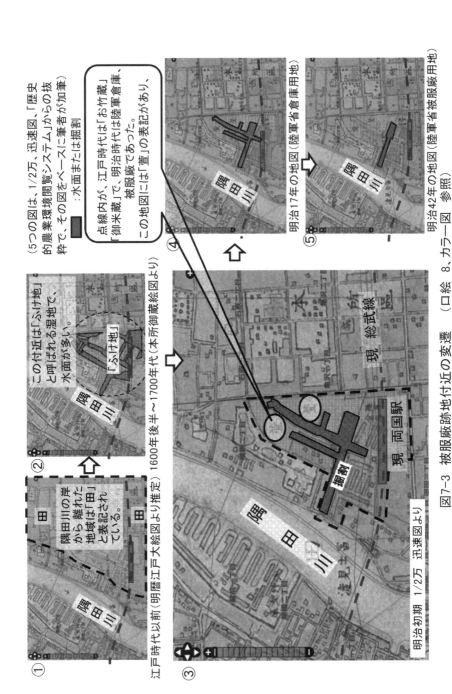

図7-3 被服廠跡地付近の変遷 (口絵 8、カラー図参照)

院公表の「明治期の低湿地データ」では、東京下町低地では、数少ない、「土地の液状化」との関連が深いと考えられる区域として、判定されているが、東京都の液状化予測マップでは、液状化が生じる可能性はあるものの、高い地域としては、判定されておらず、乖離がある。また、同予測マップは、東日本大地震時に各地区で生じた液状化現象の実態とも乖離があり、修正が必要であると指摘されるだけで、新たな考え方は未だ見出されていない。

東京の下町には、被服廠跡地と同じような土地利用の変遷を経て、現在広い公園等になり、それらの公園は、地震時等の避難場所に指定されている区域が多くある。その一つが、江東区の猿江恩賜公園である。江戸時代、被服廠跡地の前身である御竹蔵は、この公園の地に移され、被服廠跡地より多くの掘りがあったことが当時の地図にも示されている。その後、明治になり、貯木場として利用されてきた。そして、「1923年関東地震での東京低地の液状化履歴」(前出、注2-9)にも、この一角で、「井戸の変化」があったと記されており、関東大震災で被害が出た。

横網公園（被服廠跡地）も猿江恩賜公園も、震災被害の原因は解明されていない。そのため、対策がなされていないのは仕方ないとしても、ただ地表面のみが整備され、現在、地震時等の避難場所となっている。

「液状化予想マップ」の見直しも不可欠であるが、現在、被服廠跡地と同じように、地震時の避難場所に指定されている公園等が真に適しているのか、再考は不可欠であろう。

③火災温度

『大正震災志』（前出、注7-3）より

本書は、「この大災害に際して政府諸機関と地方自治体とが、どのように対応したかを記録することを第一の目的として、公式記録に準ずるもの」として紹介されている。

「上巻　第二、出火」で、その火災の原因等が記されているが、必ずしも、その原因は明確になっていない。その中で、極めて、興味深い内容が、以下の通り記されている。

午前三時頃三越から吹き出した焔の如きは太陽の色に近き程の白色であった。この様な猛火の為にこの位の風の起るのは無論不思議ではない。(中略) 実際三越呉服店にては白金が溶解したのであるから、其の温度の恐るべく高いことが分かる。

　理科年表によれば、「白金の溶解は、1,769℃」「炎の高温度の色は、白熱は1,300℃、眩しい白熱は1,500℃。一般の火災であれば、1,200℃程度」。当時の焔が太陽の色に近き程の白色であり、かつ白金が溶解した事が事実であれば、1,700℃以上の高温を発していたことになる。このような火災状況であり、地下ガス噴出による火災が生じた可能性が高いと考える。

　（e）「地下ガス（バブル）による地震火災」説
　この地域には、メタン等の可燃性ガスが賦存されている。大火となった地域は、液状化現象が生じており、可燃性ガスが発生していた可能性が高い。地下ガスと多くの関連する現象は示した通りであり、地下ガス以外によって、それら関連する現象を説明することは難しい。「地下ガス（バブル）による地震火災」説を説かざるを得ないと考える。

　（4）　関東大震災時のガス事故と実態
　震災当時、ガス事故が都市ガスによって生じていたとの記事が、少なからずある。しかし、事実は違い、震災後の色々な報告書等より、震災時生じたそれらの爆発が、必ずしも都市ガスがその原因でなかったことを示す。

　（a）ガスによる地表の焔（当時の新聞記事より）
①9月5日　大阪朝日新聞
　「黒焦の死体を踏んで逃亡した惨状を語る遭難者の談」より（神田区の病院にて）

　電車が脱線し水道は破裂し電話線は寸断しガス管からの青い焔を吹き出して間もなく各所に火の手が上がりました。（以下省略）

ガス管からと記されているが、地表を見ていた人の記事と思われる。本当に「ガス管からの焔なのか」検証して書かれた記事かは、確認できない。水道管、ガス管の破損も否定できないが、液化流動現象が生じ、地下水と一緒に地下ガスが噴出した可能性がある。

②9月3日　下越新報（新潟県）
「主義者と鮮火一味　上水道に毒を撒布」より

―警戒の軍隊発見して発砲―
川口附近一帯の道路は亀裂して一面に焔々として青き焔を噴く
埼玉県川口附近における不逞鮮人、社会主義者等は上水道に毒を撒布するので警戒の軍隊は発見して発砲して居る　同地方の道路は亀裂を生じ其処より一面の青き焔を噴いて居る

一般に云われている「不逞朝鮮人」を主な記事として記され、一緒に、青き焔のことも記されている。青き焔に関して、コメントはない。ガス管からの都市ガス漏気の可能性もあるが、「一面の青き焔」は、何を意味するのか。ガス管の破損であれば、線状に発生するのではないか。この現象も、地下ガスの噴出の可能性が高いと考える理由である。

> **参考7-3**：〈安政江戸地震〉
> 　安政江戸地震は、安政2年10月2日（1855年11月11日）、関東地方南部で発生したマグニチュード7クラスの地震であり、関東大震災の68年前に、東京を震源（推定）とし、発生した大地震である。
> 　新聞記事同様、この地震に関する古文書等で、地下から焔が出てきたと報告されている。以下、東京都が昭和48年に纏めた『安政江戸地震災害誌』（注7-14）よりその記載を抜粋する。
>
> 　二日夜行徳の辺には地上より火燃出たり、近くよりて見れば見えず、又其先に燃るのみ（中略）此夜途中に於て土中より火の出たるを見たりとぞ。

> 又、液状化現象に関しても、興味深い記載がある。
>
> 　近在にて殊に甚しかりしは亀有にて（中略）田畑の内小山の如き物一時に出来、側に大なる沼の如きものを生じたり。
>
> 　安政江戸地震においても、地下ガスの噴出により、液化流動現象が生じ、火災が発生していたと考えられる。

（b）ガス管被害と火災との関連（震災後の報告より）
① 『大正12年関東大地震震害調査報告（土木学会編）』（注7-15）
　『大正12年関東大地震震害調査報告』は、震災後3年を経て、発行された。その「第二巻、第三編　瓦斯工、第一章　東京瓦斯株式会社」に、震災時の火災との関係に関しての記載がある。瓦斯設備等に被害が出て、また、復旧工事において、ガス管の被害は認められたものの、火災との関係は極めて限定的であったと報告されている。以下その抜粋である。

・瓦斯管
　大地の震動に基く多少の被害は素より免るる能はざりしも火災に依る被害は架管の外殆んど絶無なりしは当然なり。

② 『東京都の大震火災対策　第2編　震火災被害要因の検討
　　　　　　　（東京消防庁火災予防対策委員会、1960年)』（注7-16）
　約40年後に、東京消防庁によって、被害が検証され、要因の検討が行われた。その資料中に、「埋設ガス管」の項があり、以下の通り記されている。

　不幸中の幸いなことに埋設ガス管の被害が軽微であったことは復旧状況から明らかであるが・・・（以下省略）

　関東大震災当時、ガス管が重大な火災を引き起こしたとの記載はない。

③『東京ガス百年史』

　震災当時、東京ガスが都市ガスを東京内に供給していた。昭和61年に発行された『東京ガス百年史』(注7-17)より、関東大震災当時の状況を記す。合わせて、当時に至るガス利用の概要を記す。

・関東大震災まで
　　明治5年　ガス灯が横浜で初めて点火。
　　明治18年　東京瓦斯会社設立。
　　震災直前　ガス需要件数約25万件。

・関東大震災時
　震災後、再開されたこと等に関しては以下の通り記されているが、ガス事故に関しては、ほとんど問題がなかったのか、記されていない。

ガス工場やガス溜の発火は、幸いに1件もなかった。(中略)大地震発生で特に心配されたガス漏れは、幸いにして少なかった。これは、埋設ガス管の被害が比較的小さかったこと、また火災が各地に発生してからは、圧送機の停止によりガスの輸送が中断されたためであった。

(c) 出火数及び原因調査の変遷

①出火数の調査結果

　出火数は、震災後色々と報告されている。震災の翌年、警視庁消防部によって『帝都大正震火記録』(注7-18)が報告され、その中の「独立発火136件、飛火76件」が出火数の定説になっているようである。ただし、この報告の出火件数に関しては、「尚ほ認知不能の物多数あらん」との注釈が付いている。上記「記録」の出火件数は、調査時に判明した件数だけであり、当時、認知不能とされた火災はカウントできなかった事を認めており、不明件数がもっと多数あったことを示している。

　震災後、色々な検討・分析がなされたが、出火数は、上記をベースとしている。「尚ほ認知不能の物多数あらん」は、解明困難だったため、やむを得ないかもしれないが、検討・分析の対象外となったようである。

②出火原因調査の変遷

　震災直後の新聞記事などでは、爆発はガス管からの都市ガスにより発生したと考えられたようであるが、それ以外に薬品等も出火原因と考えられ、報告された。

　震災約3年後に発行された土木学会の報告では、ガスによる火災はないとされ、ほぼ同時期に発行された別の報告では、ガスによる火災は数例としているものの、不明も多いとしている。

　さらに戦後、本格的に震災対策に取り組み始め、震災後40年、1963年に『大震火災に対する都民の心構え　大震火災対策その1』(注7-19) で「大火災となった理由」が公表されているものの、その理由の中に、都市ガス・薬品は含まれていない。また、関東大震災当時、多くの火災原因が不明とされていたが、約40年後、不明点が記載されていない。不明点がどのようになったか明らかになっておらず、現在も、震災当時と同じく、原因不明で、迷宮入りしたままのようである。

　関東大震災時、多くの爆発があったことは事実であると考える。「ガス管から漏気した都市ガスの爆発でない」と言いきることは、難しいかもしれないが、主な爆発原因は、都市ガスの爆発ではなく、地下ガス（バブル）による爆発と考えるのが妥当であると考える。

参考7-4：〈地震時「地ヨリ火出ツ（地より火出る）」〉

　1893（明治26）年、当時学習院助教授・小鹿島果が、「日本災異志」(注7-20) を著している。過去の災害を、日本書紀を始めとして、213種の史料から調べ、飢饉を筆頭に、13に分類している。その中に第9巻地震の部がある。

　地震に関しては1368事例が示され、その内、地震時に発生した現象が、具体的に記された史料が、84事例あるとし、そのまとめの「地震雑表」（表7-1）で、その現象を分類し、件数で示している。

　興味深い内容がある。「地ヨリ水湧ク」が3事例に対し、「地ヨリ火出ツ」が10事例となっている。「地ヨリ水湧ク」は、現在では、地震時の液状化現象の一部であり、その現象が発生する事は、理解されている。しかし、「地ヨリ火出ツ」は、リスボン大地震、関東大震災等で、目撃情報として、伝えられているが、現代に生きる世代には、全くと言っていいほど、理解されて

いない。その現象が、史料に少なからず残されている。
　次の2つが、その中の例である。

①寛文5年　越後地大震「處々火起ル」（1666年）
②元禄16年　関東東海沿道地大震「砂ヲ吐キ水ヲ噴ク火ヲ発ス」（1703年）

　史料に残された10事例の真実を、一つ一つ確認することは、ほとんど不可能である。中には、誤った情報として、残されてしまった可能性も否定できないが、過去の一つ一つを確認するより、「地ヨリ火出ツ」を、現在得られている知識・情報等より、どのように理解するかが重要であると考える。
　小鹿島果氏は、若くして亡くなっている。「日本災異志」が発行されてから、30年後、1923年の関東大震災に立ち会っていれば、「地ヨリ火出ツ（地より火出る）」とし、地下ガスの影響を見落とさなかったのではないか。

表7-1　地震雑表（明治26年発行、『日本災異志』より）

参考7-5：〈流言飛語の真相〉
　なぜ流言飛語が発生し、かつ短期間に各地に大きく広まったのか、震災直後も、その後も、最近に至るまで、約一世紀の間、色々と検証されてきている。諸説があるが、迷宮入りのままのようである。ここでは、各々の説を、掲載することは割愛する。検証は不十分であり、断定はできないが、以下の発生状況から、地下ガスが「真犯人」と考える。

（1）　発生状況の概要
①9月1日午後には、警視庁は「朝鮮人暴動」の流言飛語の情報を得ていた。
②9月2日「朝鮮人暴動」の流言飛語が広まる。
③東京、横浜市で、ほぼ同時多発的に、流言飛語が発生してる。同日、戒厳令が布かれ、朝鮮人暴動に対処するよう通達が出る。
④その後、流言飛語は少なくなり、9月6日には、朝鮮人に対して、危害を加えないよう、発表される。戒厳令は、11月15日に解除。

（2）　流言飛語とガス爆発発生及びその収束の想定
①9月1日午後、地震発生直後から、液化流動に伴い、地下ガスが噴出し、火気または電気等が着火源となり、火災・ガス爆発が発生。原因不明のため、誰かが、仕掛けたと推測。そして流言が発生。
②9月2日、東京、横浜とも、下町を中心に、各所で、9月1日に続き、液化流動に伴って、地下ガスが噴出、その影響で爆発が発生し、流言も各地域で、あたかも、事前に流言が準備されていたかのように広まった。
③東京、横浜とも、同時多発的に、ガス爆発等が発生し、火災は衰えることなく、鎮火できなかった。
④9月3日には、ほぼ鎮火。この時期に、液化流動、地下ガス発生も、ほぼ収束する。鎮火は、地下ガス発生が収束したことが大きく影響する。ガス爆発の収束、鎮火に伴い、流言も発生しなくなり、3日後の、9月6日に「朝鮮人の保護」が発表される。
　ガス爆発と流言飛語に関する体験談が、『関東大震災と安政江戸地震（東

京都江戸東京博物館調査報告集)』（注7-21）に記されている。1990年7月のインタビューからである。

> （被服廠にて）ああ怖かったなあなんておしゃべりしているうちに、回りでボーンボーンというような音がしまして。それは爆弾を投げたって後でききましたけど、本当かウソかわからないですよ。爆弾みたいな音がボンボンボンボンするんです。そのうち火の手が上がってきまして、だんだんだんだんに火の手が広がってきて、みんなの持っている荷物に火がついたわけですね。
>
> 「それは爆弾を投げたって後でききました」と言っている。この人は、爆発音を直接聞いていて、避難当時は、誰かが故意に爆弾を投げ込んだとは認識していなかった。この人は、その後に、流言飛語を聞いた一人の証言者であったのではないか。流言飛語は、爆発の原因を確認できず、混乱した当時の状況下で、推測で誤認し、広まった。それが真相でないかと考える。検証したいが、極めて困難である。

▼7.2 地下ガス（バブル）による火災の類似現象

（1） 千歳（北海道）の事例

前出（第四章）、「2003年十勝沖地震に伴い千歳市泉郷地区に噴出した天然ガスの起源」には、地下ガスの噴出だけが記されているが、その当時、火災が発生していた。

『施設整備・管理のための天然ガス対策ガイドブック（天然ガス対応のための関係官公庁連絡会議編）』（注7-22）によれば、その火災は、地下ガスが影響しており、以下の通り記されている。

27日午前7時ころ、民家の庭にできた水たまりから音を立てて泡が噴き出しているのが見つかった。一時火柱の上がる火災となったが、消防で消火作業を行い、まもなく鎮火した。周辺を調査したところ、地下水が噴き出した跡が数カ所見つかった。この地域では以前よりガスの噴出が知られていた。前日に発生した十勝沖地震の影響も考えられるという。

なお、地震は、2003（平成15）年9月26日午前4時50分に発生している。したがって、この記録によれば、火災は、地震発生後、24時間以上経ってから発見された。

この事例では、第四章で記した通り、噴出した天然ガスの化学的分析が実施されており、そのガスは地下深い地層からの天然ガスであるとの結果が得られている。地下深くからのガスが地震火災や液化流動現象の原因であることを示す、その証拠の一つとなっていると考える。このような化学的分析は、課題解明のためには、今後欠くことのできない重要な役割を果たすと考える。

（2）大地震時の火災

関東大震災以外（一部含む）に、大地震時に発生した火災の事例を記す。火災に関する有用な情報が詰まっているようである。

（a）福井地震

「内閣府　防災情報ページ、『災害教訓の継承に関する専門調査報告書　1948　福井地震』（注7-23）の　第4章　福井地震の被害の特徴　第4節　福井地震における地震災害」に、その特徴が記されている。福井地震は、火災によって被害が拡大した典型的な地震災害例である。

地震火災の特徴は、次の理由による火災の拡大にあった。第一には、同時多発火災であったこと。第二に、人々は動揺し、適切な対応ができなかったこと。第三に、住宅や道路・橋梁の被害によって、消防活動が制約されたこと。

出火原因別出火件数が、記されている。それによると、出火57件中、14件が出火原因不明となっている。地下ガスに関するコメントはない。

（b）中越地震

中越地震（2004年10月23日発生）では、新潟県県民生活・環境防災局消防課より、地震後、『新潟県中越地震における火災の発生状況について』（注7-24）と題し、報道発表がされている。9件火災が発生しており、出火原因は2件が「ガ

ス爆発による出火と推定」となっている。2件の火災が発生した地点は、長岡市市内で、いずれも液状化（液化流動）が発生した地点または近くの地点で、ガス田地域である。

(c) 横浜における関東大震災

横浜の大火はすさまじかった。ここでは、『大火災全史』の、「八　横浜の大震大火」の冒頭の内容だけを記し、他は割愛する。

横浜方面では、一日正午少し前突然空中に振りまわされる如き激動起り、僅に数分にして家屋は悉く倒壊、血みどろの市民は右往左往の中に市内数ヵ所から出火、たちまちにして市は全くこの世よりほうむり去られた。当時の光景を叙すべき形容詞は未だ人間によって作られしを覚えない。

甚大な被害であったか、この一文にて、深くは分からないが、知ることができる。横浜には、既に記した通り、地下にガスが賦存している。

(d) 阪神・淡路大震災

地震時、火災が発生すると、各地震における各々の火災に対して原因調査が行われる。しかし、出火原因不明が多く、阪神・淡路大震災においては、「地震時における出火防止対策のあり方に関する調査検討報告書（消防防災博物館）」（注7-25）によれば、出火件数285件中、146件が不明となっている。

「地震火災の出火時間分布」は、「1時間以内の出火件数の割合は、約70％であり・・・、時間経過とともに更に火災が発生し、長時間にわたって出火しているという特徴がある」となっている。さらに、1月20日9時、地震発生後、3日以上経っているが、神戸市消防局長会見で「火事が多いことに対する原因をつかみかねている」としている。これらの火災が、通電火災なのであろうが、地下ガスの影響がある事は、否定できないと考える。

(e) ノースリッジ地震

1994年、阪神大震災の丁度、1年前の1月17日、アメリカ、ロサンゼルス近

郊で発生した地震であり、地震に伴い火災が多数発生した。日本でも、この地震に関して多数の報告書が公表されているが、関東大震災時の条件・現象が酷似している。表7-2で、2つの地震を比較する。本表の、関東大震災の内容は、既に本書での記載の抜粋であり、ノースリッジ地震の内容は、土木工学会の「ノースリッジ地震の報告書」（注7-26）の引用である。ロスアンゼルスも、次に記すサンフランシスコも、ガス田ないし油田に隣接しており、「図7-4アメリカ太平洋側、液状化地点とガス田の対比図（前出、注3-23による）」の通りである。

サンフランシスコでも、1世紀以上前の1906年、大地震が起き、液状化（液化流動）が発生し、大火となり、多数の方が亡くなっている。関東大震災を含め、これら過去の古い地震の報告内容を、正確に確認することは、ほぼ不可能に近い。しかし、地震動による建物破壊によって亡くなった方よりも、火災によって亡くなった方の方が多いことは事実である。

建物の破壊を防ぐために、建物の耐震性能等は向上し、地震動による建物の破壊は当時に比べ、格段に向上している。しかし、火災に関しては、その原因が解明できていないため、大地震時に亡くなった方が多いにもかかわらず、当時から、その防災対策等は、向上しているものの、十分ではない。大事なことは、上記事例を含め、全ての原因を確認することでなく、液化流動によって、地下ガスが噴出し、それが火災を引き起こしたか、否かである。ここまで、色々な報告から、関連する現象等を記してきた。それらから判断すると、大火の原因は、液化流動による地下ガス噴出であることを、否定することはできないと考える。

これまで、何故、「地震時に地下ガスが噴出し、火災が生じる」と認識できなかったのか。そもそも、地震時、振動により地下ガスが発生し、それによって液化流動が生じると認識することが出来なかった。したがって、地下ガスによって火災が発生するとの発想は出来なかったのであろう。

表7-2 関東大震災とノースリッジ地震の比較

項目		関東大震災	ノースリッジ地震
地震条件	発生日	1923年9月1日	1994年1月17日
	マグニチュード	7.9	6.8
液状化発生条件	油田、ガス田との関連性	南関東ガス田	カリフォルニア油田の一角（文献 7-26による）
	地盤	沖積平野	沖積盆地
		地盤の悪い所で多くは埋立をした新開地（文献 7-8）	地盤の悪い地区（中略）で出火する傾向がある・・・（10.1.3 出火地点）
火災現象等	火災・爆発	瓦斯爆発による事は歴然である。（文献 7-1）	大多数の火災はこのガス漏れに起因するものと考えて間違いない。（10.1.5 火災の原因）
	再燃	さすがの猛火も焔の海を消してしまった（中略）又もや南の一点にぱつと火の手が上つた。（文献 7-2）	地震当日だけでなく地震の数日後でも、地震に起因する火災が多数発生（中略）再出火は、翌18日の早朝2時であった。（10.1.2 出火時間）
	水道管破裂	被服廠跡にかけ込んだ。すると丁度中央に水道の鉄管が破裂して水があふれ出ていた（文献 7-2）	地震直後の水道管の破損による冠水している・・・（10.2.2 幹線道路の炎上火災）

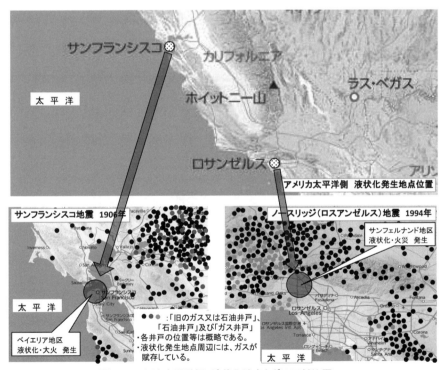

図7-4 アメリカ太平洋側、液状化地点とガス田対比図

参考7-6：〈通電火災と津波火災〉
　阪神大震災以降、地震火災の一つとして、通電火災の解明が進められている。また、東日本大震災以降、津波火災が大きく取り上げられている。しかし、その各々の原因は調査・研究の段階であると言われている。
　通電火災は、火災保険の扱いとして、地震免責条項にあてはまるか否かで、裁判にもなっている。「判例研究:阪神大震災通電火災高裁判決（判例時報）」（注7-27）の中で、通電火災は**「地震によって屋内の電気配線が断裂して漏電や電気ショートなどによって平時よりも可燃物にきわめて着火しやすい状態で発生する火災のことである」**と定義されている。しかし、地震時に生じる火災が、その通電火災か判定しにくいケースが多く、火災原因不明の事例も多々ある。
　津波火災は、「津波をきっかけに発生する」と言われているが、定義は明確でなく、水と火という本来相容れない要因が結びつく災害であることから、新たなリスクと認識されているものの、その原因は、明らかでない。「東日本大震災における火災の全体像と津波起因火災の考察（季刊　消防科学と情報）」（注7-28）に、津波火災に関する概要等が記されているが、その中の「津波起因火災の主な発生パターンに関する推察」の項で、津波起因火災の発生条件として、以下のように「可燃性ガス」の存在が示されている。

　津波起因火災の発生を可能ならしめる条件として必要なのは、気化した状態の燃料である。つまり燃焼が成立し、かつ維持されるためには、何らかの着火エネルギーのほかに「可燃性ガス」の存在が必要である。

　この可燃性ガスの存在が必要としているが、どこから発生しているか？地下ガス等は、考慮されていない。

　通電火災、津波火災とも、その火災発生箇所で、液化流動が生じていた可能性があり、その出火原因は、地下ガス噴出であると考えられる。しかし、第二章の「ガス猛噴」の例で示すように、地表付近の地層が粘性土主体であ

ると、液状化でガスは噴出しても、墳砂はほとんど生じていない可能性もある。また、仮に、墳砂が生じていても、火災及び津波そのものが、地表面に甚大な被害を与えるため、液化流動によって生じたその痕跡を消してしまい、地震後、液化流動の実態は認識できなくなっている可能性もある。ただし、その地下には、ガスが噴出していれば、その痕跡が残っている可能性はあり、調査によって明らかになるであろう。今後の課題である。

　関東大震災当時から、地震時に発生した火災の原因は、多数解明されていない。それらがすべて地下ガスの原因であるとは言えないが、それらの発生状況から、地下ガスが原因となっている火災が少なからずあるのではないかと考える。

　津波火災は、その真相が解明されても、その対策は容易でないと思われるが、通電火災は解明されれば、その対策は、比較的容易であると考える。真相の解明とその対策の実施が急がれる。

関東大震災時の大火の概要とその出火原因等に関しては、以上である。多大な不安を与える「地下ガスによる地震火災」を発信して良いのかと、畏れた。本件に関する内容を広く理解している人は、いないのであろうが、液状化・天然ガス等に関して、見識のある方のアドバイスを聞き、その方たちの後押しを受け、発信することとした。

終　章
地震火災への対応

あらすじより

　地震火災は極めて重大な課題である。想定される一つの大きなリスクを示すと共に、対応案を示すが、スタート地点に立ったばかりであり、すべてはこれからである。

> 　この「地下ガスによる地震火災」が認知されることが、最も重要であり、認知される前に、その対応を論じることは、事実に基づかない無駄な議論がされたり、被害が誇張されたりする可能性があるため、厳に慎まなければならないと考える。しかし、何も示さないことも、大きな誤解が生じる可能性があると思い、現在、筆者が想定している一つの大きなリスクを示すと共に、今後の対応案を、この終章に示した。参考にしてもらいたい。ただし、あくまでも、一つの参考であり、認知後、大いに議論し、検証実験等を確実に行い、その結果に基づいて、適切な対策の実施に結び付けていかなければならないと考える。
>
> 　従って、ここに示す内容は、その一端であり、この「地下ガスによる地震火災」に対するリスクと対応に関する内容が現時点で十分でないことはご容赦いただきたい。

地震火災のリスク

　視点を変えて、考える。
　関東大震災を想定した場合、東京及びその周辺で暮らす人々にとって、地震火災は極めて重大な問題である事は、容易に分かる。
　東京及びその周辺だけの問題ではなく、その環境・事故の可能性に違いがある

が、日本を含む世界各国に、似たような環境があり、そこで暮らしている。世代を超え、国籍の区別なく、多くの人に関わる課題である。「地下ガスによる地震火災」は、これまで全く想定されていなかった災害であろう。この現象を正しく理解し、ルールを作り、その場所に居合わせた全ての人が、協力し、ルールを確実に守らなければならない。

現代科学に関して、『科学哲学への招待 (野家啓一)』(注 8-1) で、以下のように、その複雑さが説明されている。

現代の科学技術はそのような単機能の道具ではなく、多様で複雑なメカニズムによって動いており、その帰結や影響を前もって予測することが甚だ困難な代物なのである。

この文章の後、「予測することが甚だ困難な代物」の例として、薬品の副作用、原子炉から排出される放射性廃棄物が挙げられている。

「地下ガス(バブル)による地震火災」は、現時点では、全く認識されていない。基本的な発生メカニズムが分かったとしても、地盤条件、想定地震等の要素が複雑に絡むため、各地域ごとの発生確率、被害等に関する精度良い予測は、現状では非常に困難な代物である。

トンネル坑内のガス爆発は、坑内に噴出した地下ガスが、電気機器等を着火源として、生じることが多い。したがって、ガス発生が、予想されるトンネル坑内では、ガスが噴出しても爆発しないように、防爆タイプの電気機器を使用し、その爆発を防いでいる。関東大震災の時を含め、電気機器が原因で、地震時にガス爆発が生じた可能性も否定できない。我々の生活の豊かさの象徴のように思える電気にも、他の科学技術と同じように、社会的リスクが潜んでいると考えざるを得ない。

現在、原子力発電所のリスクが、盛んに検討されている。地下ガスが噴出した場合の、電気にも同じように重大なリスクがある。そのリスクに対処する知恵が必要である。

どれほどのリスクがあるか、専門家の判断に依る所もあろうが、最終的には、使用している個人が判断しなければならない課題と考える。

パラダイムシフトの観点から

　液状化（液化流動）同様、パラダイムシフトの観点から示す。

　液状化（液化流動）に関しては、パラダイムシフトであるが、「地下ガス（バブル）による地震火災」は、未だ科学的視点で捉えられていない。「科学か否かは、パラダイムを見いだせるか否かによる」と言われており、科学技術が進んだ今日においても、科学として確立されていないのが現状のようである。パラダイム以前であり、非科学的な世界に留まっていると考える。

　つまり、今日まで科学的に未解明のままである。

→関東大震災と同様の条件で地震が発生すれば、まさしく重大な危機。
→科学革新（=「地下ガス〈バブル〉による地震火災」の検証）。
→パラダイムの形成（=「地下ガス〈バブル〉による地震火災」に関する対策の立案・実施」）。

　パラダイム形成よって、ようやく科学のスタート地点に立てるのであろう。

　約八世紀前、鴨長明が、水に浮かぶ泡沫を無常と述べ、我々もその様に感じ続けていた。その中にはガスが含まれているだけであり、それは儚いものと、誤って認識していた。その地下ガス（バブル）が、大きな災いを生む。地盤から噴砂が生じ、地盤が沈下するだけでなく、建築物、橋梁等の大きな構造物を破壊する。また、時には一瞬にして、数万の人間を焼き尽くす災害を生む可能性がある。地下に潜むガス（バブル）は、利用もできるが、地震時に、液化流動を生じさせ、かつ、爆発・地震火災を生じさせるリスクを持ち、我々とは複雑な関係であり、正しく理解することが求められる。

ルールを考える上でのヒント

　2004（平成16）年7月30日、「九十九里いわし博物館」（千葉県）ガス爆発事故が発生した。

　いわし博物館のガス爆発事故は、地下ガスが地上の建物（町立九十九里いわし博物館）内に漏れ、溜まっていたことが主原因である。電気機器により、その溜まっていたガスが建物内で爆発し、建物が壊れるとともに、その職員1名が亡くなった。事故後、以下に示す通り、事故防止のための色々な対策が検討された。

　地震時に想定しているガス爆発事故は、その過程は異なるものの、地下ガスの

噴出が原因であり、同種の事故である。

「施設整備・管理のための天然ガス対策ガイドブック」は、「九十九里いわし博物館」ガス爆発事故を受け、「営繕工事における天然ガス対応のための関係官庁連絡会議」が設置され、発行されたものである。そして、その「はじめに」で以下のように記されている。

　施設整備・管理上の天然ガス対策に関する取り組みは始まったばかりです。絶対安全といえる手法はまだ見出されておりません。各対策技術も比較的古くから実施されていたものがある一方で、端緒についたばかりのものもあります。(中略)
　天然ガス発生地域において、施設の安全を図るには、施設整備者、施設管理者そして施設利用者それぞれが、天然ガスに対して正しい知識を持ち、注意の意識を持つことが不可欠です。(中略)天然ガス対策を行おうとする者は、自らの考えに基づき、自ら適切に判断しなければなりません。

　地震が発生しない通常の状態でも、突然の地下ガス噴出による事故が、多数起きていることは、既に記した通りである。その現象は複雑であり、かつ、事故は多彩である。関連官庁は、国土交通省他、都・県の地方公共団体等々多岐にわたっているものの、上記の通り、絶対安全といえる手法は見出されていないのが現状である。

　その様な現状であるが、千葉県では、その事故防止のために、以下のような「お知らせ」を出しており、その事故防止策は、地震時のこの種の事故対策の参考になる。これは「施設整備・管理のための天然ガス対策ガイドブック」(前出、注7-22)に掲載された内容である。

千葉県の天然ガスについてお知らせします。
―「上ガス」による事故を防ぐために―　(注釈：上ガスとは天然ガスの地表噴出)
　建物の基礎のそばや床下などから湧き出してくる「上ガス」については、密閉構造の部分があるとガスがたまる可能性がありますので、次のような対応をお願いします。

以下抜粋する。

換気は十分に行いましょう。
壁のすき間・ひび割れからもガスが入ってくる可能性がありますので、ガス検知器を使った測定やガス漏れ警報器の設置を検討してください。
もし警報が鳴ったら、部屋の窓を開け、換気を十分行ってください。そのとき、**換気扇は、絶対に使用しないでください。電気機器のスイッチ操作による電気火花でガスに着火し、爆発するおそれがあります。**

大切なことは、「地震後に火の始末をするという習慣を持つ」と共に、「地震後、地下ガスが噴出する可能性があることを認識する」ことであり、基本は上記『―「上ガス」による事故を防ぐために―』であろう。
地震時に天然ガスの噴出に伴う火災発生の現象は、通常状態で起きた「九十九里イワシ博物館」爆発事故よりも、さらに複雑な要素が絡む。この現象が解明され、地震においてどの程度被害が生じるかを、正確に想定することは、上記「天然ガス対策ガイドブック」に記載された内容からも、当面は困難なように思える。

リスク低減のために、環境を変えていくことも考えられる。
例えば、
①積極的に地下に賦存するガスを採取する。
②ガス発生の可能性が高い箇所の電気機器に防爆タイプを使用する。
③強震時（≒地下ガス発生の可能性がある時）、確実な電源遮断の処置をとる。
等々である。
　直ぐに、完全な対策を立て、完全にリスクを取り除けるようにすることが望ましいが、その課題の複雑さを考えると、現状では、現実的でない。万一、地下ガスの噴出が発生した場合、冷静に各人がルールに従い対応するかが、先ず、最優先で問われるのであろう。地震時に生き残るために、正しい知識を持ち、適確に行動することが、各個人に求められる。
　完全な対策はできなくても、この現象を理解していれば、関東大震災の自然災害による大混乱の中で、「誤解・誤認により、朝鮮人虐殺（必ずしも朝鮮人だけで

はないが）という人災」を同時に起こすような「不幸」はなくなる。

　これまで「液状化（液化流動）」、「地震火災」を別々の現象として捉え、各々その発生を、時間的に、空間的に、点として見て、その発生原理を判断してしまったようである。地震時に起きる「液状化（液化流動）」、「地震火災」を含む多くの現象を、総合的に捉え、連続した現象として、観る姿勢に欠けていたようである。連続した現象として観ることによって、未解明の課題が観えるのではないだろうか。そこから我々の生活に直結する新たな解決策が見出せると考える。

参考　終-1：〈リスボン大地震と火災〉
　リスボン大地震については、第一章で触れているが、関東大地震との共通点が多々ある。2点の現象を記す。
①港では海面が盛り上がって泡立ち、停泊していた船を打ち壊している。
　（ヴォルテールの小説『カンディード』より）
②市街地の四分の三を倒壊させ、口を開けた大地からの炎が残りを焼き尽くした。
　（『震災後を読む文学〈堀内正規編集〉』〈注8-2〉のLecture 8「リスボンの災害についての詞」の『アムステルダム通信』のパリ駐在記者の続報より）
　各々別の場所で発生したことではあるが、基本的には、①は、ガス発生を示し、②は、ガス発生によって、火災が発生したことを示していると考える。
　さらに、『震源を求めて─近代地震学への歩み─（池上良平）』（注8-3）で、
「**古典地震学の幕開きを担った一人は、イギリスのジョン・マイケルである**」と紹介し、そのマイケルのリスボン大地震に関するコメントを、「地下の火」の項で、記している。

リスボン大地震の際に、ポルトガルの海岸で煙と火炎が見えた。その後に発生した余震のときも、煙が来たのと同じ方向から一種の「もや」が襲来し、それとともにかすかな硫黄の臭いが知覚された。

　同項で、この他に、地下からの噴出物により、火炎が発生したことを示す

多くの事例が紹介されている。この火災発生により、「**地震の原因について、当時の科学者たちは、『地下で突然に起きるある種の爆発による』と考えられていた**」と記されている。

現在、地震の原因を「地下で突然に起きるある種の爆発による」とする仮説は、見直されているが、地震時、「地下の火」が発生していたことは、当時も、現在も、仮説でなく、事実であると考える。つまり、日本では鎌倉時代から、ヨーロッパでも1,700年代から、その様な事実が記録として残っており、地震時、地下ガスが発生していた。

日本に限らず、条件が揃えば、リスボン大地震や関東大震災の時に起きた液状化（液化流動）・大火は、今後も起きる可能性がある。

あとがき

　社会学者、清水幾太郎は、『手記　関東大震災』（注00-1）を1975年に、監修者として、出版している。その記載を抜粋する。

　私自身、色々な経験（関東大震災の火災等の経験）**があるので、それを話すと、学者たちは、「そんなことは有り得ません」、「そんなことは理解できません」、「そんなことは説明できません」と冷たく言う。しかし有り得なくても、理解出来なくても、説明出来なくても、実際に色々な事実が起り、それで多くの人たちが死んだのである。学者は、事実や経験に対してもっと謙虚な態度を持たなければいけない。**

　清水幾太郎は、10代で、関東大震災の悲惨な経験をし、その経験によって人生が変わり、その経験を背負って生き続け、震災後50年に記し、「事実や経験に対してもっと謙虚な態度を持たなければならない」と言っている。しかし、今日、関東大震災の大火を経験した人は少なく、事実を経験し、それを語れる人は極めて限られてきている。

　近年、「三現主義」が問題点の解決のために重視されているが、このような地震火災の現場を確認できる状況になることは少なく、一人の人間として経験することは、極めてまれである。色々な天変地異が発生した時に、多くの被災者が、それも年配の被災者が「生まれて初めて経験した」と言うように、二度経験することは、ほとんどない。したがって、「三現主義」を基本とした考え方では、「地下ガスによる地震火災」の発想は、生まれにくかったのであろう。発想を変え、過去の事実に真摯に向き合い、将来起きる可能性のある地震火災の前に、パラダイムを形成させなければならない考える。

　また、『清水幾太郎著作集　14　わが人生の断片　地震のあとさき』（注00-2）で以下の通り、記している。

　大きな地震が起ると、必ず火事が起る。火事のために大旋風が起る。（中略）

自然が一種の発狂状態に陥る。泣いても笑っても、自然の一部であるほかのない人間は、これも一種の発狂状態に陥る。人間の理性というものは、平素無事な時、つまり、理性の活動が必要でない時は、活発に活動しているらしいが、自然の発狂状態のような、理性の活動が本当に必要な時になると、何処かに消えてしまうもののようである。

　地震時に地下ガスの爆発は多発していたが、その原因が分からず、自然が発狂したと考えるよりほかはなかったのであろう。自然が発狂したと見えれば、人間も理性を失い、一種の発狂状態になるのもやむを得なかったのかもしれない。しかし、自然は発狂していない。地下ガスが噴出することも自然であり、そこに着火源があれば、爆発することも自然である。関東大震災当時、その様に理解することができなかった。理解できていれば、その現象を、自然が発狂したと考えず、自然の摂理と理解し、そこに遭遇することは悲劇であるが、発狂しないで済むのではないか。そして、流言飛語を防ぎ、それによる陰惨な殺傷事件も防ぐことが出来ると考える。

　我々自身が先ず、「地下ガス（バブル）による地震火災」を理解しなければならない。そのことが、清水氏を含め、世間から異端視されながらも「大火の真相を書き残した人」や当時のすべての被害者の方々に少しでも報いることになると考える。

　関東大震災後は、大火発生の解明に努めた。新潟地震後は、液状化現象の解明に努めた。各々その地震まで、一般的には、これらは天変地異であると考え、理解できない現象であった。研究・検証により、それらは、解明されたと我々は誤った判断をしていたようである。液状化（液化流動）現象も大火も、それらが発生する理由は、一つではなく、複合的であった。つまり、液状化は、「ダイラタンシーによる」、大火は、「火災旋風による」と解釈し、それが主たる原因であるとし、他の原因を見落としてしまった。地震時、地下にガスが賦存されている地域では、ガスが発生することを、見落としてしまった。
　また、既に　第六章にその一部を記したが、地下ガスは、これまで未解明であっ

た色々な現象を引き起こしていると考える。液化流動、火災に限らず、それに類する現象が起きている。地下ガス噴出現象の解明が、迷宮入り科学の解明につながると考える。

　専門外の古文書・新たな文献等を求め、読み解き、また、手探りの検証試験をして、本書を著すに至った。しかし、「地下ガス（バブル）による地震火災」は、検証試験等一切実施しておらず、過去の資料のみによって、導き出した考えである。「パラダイム以前の時期」には、独善的で未熟な理論が打ち出されるようである。筆者自身、この「地下ガス（バブル）による地震火災」は、事実でなく、この第七章及び終章が独善的な「泡沫な推理小説」であってほしいとの思いもある。仮に、そうであっても、地震後に発生する火災に出火原因不明が多数あることは事実であり、この考えに誤りがあれば、関東大震災の時の出火原因を迷宮入りのままとせず、「科学以前」から抜け出すために、専門家を含む関連する人達によって、検証に基づく修正がなされなければならないと考える。

　中世のイギリスの哲学者ベーコンは、彼の著『ノヴム・オルガヌム』で、「**真理は混乱からよりも誤りからいっそう容易に現れる**」と記している。『随筆集ベーコン』（注00-3）でその訳者成田成寿は、以下のように記している。

　なにも断定的な結論ではないとして混乱したままでいるより、自然の解明という仕事を肯定的な仕方で試みることを知性に許してやるほうが有益だ、というのである。誤っているかもしれないが、誤っているときには修正すればよい、そうやって進むしかない、というまことに前向きで健康的な知識感が、ここに現出している。

　「地下ガス（バブル）による地震火災」が誤りであっても、その検証の過程で、自然の解明が進み、新たなパラダイムが形成され、大地震はいつ発生するか分からない状況ではあるが、大地震の前に、この危機から脱出しなければならない。

　本書で提起している新たなパラダイム形成は、直近に迫った地震を対象としている。約一世紀前の関東大震災に匹敵する、或いは、それ以上の被害に直結する課題を抱えている。この課題は、日本だけでなく、約250年前、リスボン大地震時、大火が生じたように、地震が発生する世界の各地で、条件が合えば、地震火

災が起きる可能性を抱えている。その様な事故に対して、対策が立てられておらず、残された時間は、誰もわからないが、確実に少なくなっている。

　先ず、自然科学の分野で認知されなければならない。認知後、自然科学、社会科学に携わる関係者が、対策を立て、実現していかなければならない。単に、その関係者だけが携われば解決する課題ではない。自然科学・社会科学さらに我々一人一人市民のモラルが、まさしく試されるのではないかと思える。

喫緊の課題

　先ず、考えなければならないことは、「関東大震災時の大火の悲劇を、二度と起こさないこと」であり、それが喫緊の課題である。そのためには、「地下ガス（バブル）が地震火災の主犯であること」を認知することが重要である。本書には、関連する沢山の「今後の課題」を記したが、液状化（液化流動）の課題も含め、これらの課題への取り組みは、「地下ガスによる地震火災」を認知し、新たなパラダイムの基本が形成されてから議論しなければならないと考える。パラダイムの基本形成前の議論は、混乱を招くだけである。

　関東大震災、新潟地震等に関する貴重な、かつ、古くからの沢山の文献を参考にして、本書を世に出すことができ、それら執筆者の方々には、故人を含め、深くお礼を申し上げたい。

　「迷宮入り科学」に解明の途中、その信頼性に不安を感じている時、個人的に有用なアドバイスと励ましをいただき、かつ、原稿のチェック等ご協力くださった先輩・友人に深く感謝を申し上げたい。

　出版を決めてから、途中「地震火災」の課題を取り込むことにしたため、3年以上を要してしまい、その間、家庭に膨大な仕事を持ち込んでしまうこととなり、時間的、空間的に、多大な迷惑をかけてしまったが、理解を示してくれた家族に感謝したい。

　また、出版に関して、全くの素人である筆者に対し、出版の話を持ち込んだ時

から、出版に至るまで、多大なるご協力とご指導いただいた、高文研の皆様、特に、高校時代のクラスメートでもあり、代表取締役である飯塚直氏に心よりお礼申し上げる。

　思いもしていなかった地震火災をテーマとして、早期に世に出すことの必要性を感じ、取り組んできました。火災に関しては、全くの専門外の分野であり、各々の内容に関して専門的に研究・検証したこともなく、理解不足があり、また、本内容の精査が十分でないことを感じつつ、出版に至りました。読者には、精査が十分でないことをご理解いただいた上で、地震火災に関するパラダイムについてご意見を伺いたいと思います。本書で示す科学革新は、全てはこれからであり、前向きにともに考え、ともに取り組んでいただければ幸甚です。

参考文献

序　章　地下ガス発生

文献 0-1　トーマス・クーン（中山　茂　訳）『科学革命の構造』（みすず書房、1971 年 3 月）

文献 0-2　文部科学省　『地震がわかる！』　文部科学省　研究開発局　地震・防災研究科　地震調査研究推進本部　（インターネットにて公表）
www.jishin.go.jp/main/pamphlet/wakaru.../wakaru_shiryo.pdf　（2016,4,7）

文献 0-3　野家啓一　「4　科学の変貌と再定義」『科学／技術と人間　問われる科学／技術』（岩波出版、1999 年 1 月）

◆第一部　液状化の真相　（パラダイムシフト）

第一章　新潟地震当時の液状化現象と考え方

文献 1-1　東京大学工学部土木工学科教室新潟地震調査班『昭和 39 年新潟地震震害調査速報』（1964 年）

文献 1-2　土木学会　『昭和 39 年新潟地震震害調査報告』（1966 年）

文献 1-3　河内　睦雄　他　「新潟市の地盤地質と新潟地震による被害」（『名城大学理工学部研究報告』、1965 年 6 月）

文献 1-4　土質工学会　「新潟地震速報」（土質工学会　『土と基礎』の特集、1964 年 8 月）

文献 1-5　天然ガス鉱業会　『水溶性天然ガス総覧』（1980 年 2 月）

文献 1-6　宇佐美龍夫　『大地震　古記録に学ぶ』（吉川弘文館、2014 年 9 月）

文献 1-7　最上武雄　「新潟地震と土質工学の課題」（土質工学会　『土と基礎』、1964 年 8 月）

文献 1-8　谷口敏雄　「地盤震害委員会のうごき―その後の新潟地震対策―」（土質工学会　『土と基礎』、1965 年 7 月）

文献 1-9　鈴木敬治　他　「新潟地震にさいしての福島会津地方に発生した災害と地質」（土質工学会　『土と基礎』、1967 年 10 月）

文献 1-10　新潟県　『土地分類基本調査　新潟（5 万分の 1）　国土調査』（1972 年）

文献 1-11　永冶日出雄　訳、ジョアキム・ジョゼフ・モレイラ・デ・メンドンサ（ポルトガル古文書館の史官）著　『万物の創造から今次の世紀に至る世界地震通史　―とくにリスボン、ポルトガル全土、アルガルヴェ、およびヨーロッパ、アフリカ、アメリカの多数の地域を震撼した一七五五年十一月一日の地震に関する個別の記録、ならびに地震の原因、結果、差異、予測に関する自然学的論究―』（リスボン、1758 年）

訳者　永冶日出雄氏は、長大な書名であるため、便宜上「世界地震通史―リスボン大地震」または「世界地震通史」の略称を用いるとしている。

図 6-1 は、「絵図リスボン大地震の惨禍①　銅版画リスボンの大地震の惨劇　作者不詳　一八世紀後半　リスボン市史料館所蔵」より　（インターネットにて公表）
http://www.hnagaya.net/index.html　（2016,3,26）

第二章　天然ガスの賦存と採取

文献 2-1　兼子勝　他　「本邦第四紀天然ガス鉱床の地球化学　―第 1 報　総論―」（『地質調査

文献 2-2 　金原均二　「日本の天然ガス資源とその開発」(『燃料協会誌』 vol.36、1957 年)
文献 2-3 　環境省自然環境局　『温泉施設において発生する可燃性ガスに関する当面の暫定対策について』(2007 年 7 月)
文献 2-4 　経済産業省関東東北産業保安監督部　『自然環境に由来する可燃性天然ガスの潜在的リスクについて』(2012 年 8 月)
文献 2-5 　清島信之　「徳島県吉野川下流流域天然ガス徴候踏査結果報告」(『地質調査月報』第 15 巻　第 8 号、1964 年)
文献 2-6 　寒川旭　『地震の日本史　―大地は何を語るのか―』(中央公論新社、2007 年 11 月)
文献 2-7 　片山重夫　他　「新潟地震後の万代橋復旧工事」(雑誌『道路』、1966 年 3 月)
文献 2-8 　名取博夫　「東京ガス田について　―環境地質的側面に関連して―」(シンポジウム『東京ガス田上の地質環境と地下開発　―地下開発におけるガス問題をいかに克服するか―』(東京日本地質学会　環境地質研究委員会、1993 年 4 月)
文献 2-9 　日本地質学会編　『日本地方地質誌　3　関東地方』(朝倉書店、2008 年 10 月)
文献 2-10　国土交通省関東地方整備局、公益社団法人地盤工学会　『東北地方太平洋沖地震による関東地方の地盤液状化現象の実態解明　報告書』(2011 年 8 月)
文献 2-11　新藤静夫　「南関東地域の地下水利用と地盤沈下」(『地学雑誌』 Vol.85　No2、1976 年)
文献 2-12　千葉県公害研究所　『千葉県公害研究所　地下資源・地盤災害研究資料　―第 15 号―天然ガス生産量・天然ガスかん水揚水量・天然ガスかん水還元量・天然ガスかん水排水量と地盤変動』(1987 年 3 月)
文献 2-13　河井興三　「南関東ガス田地帯における天然ガスの分布について」(『石油学会誌』第 3 巻　第 3 号、1960 年)
文献 2-14　千葉県　『千葉ノ県天然瓦斯二就テ』(1939 年 5 月)(千葉県茂原図書館　所蔵)
文献 2-15　天然ガス鉱業会『わが国の石油・天然ガスノート(2014,1)』(2014 年 1 月)　(インターネットにて公表)
http://www.tengas.gr.jp/asset/00032/KANKOUBUTSU/2014gas_note.pdf (2016,5,2)
文献 2-16　牧山鶴彦　「新潟ガス田の開発」(『石油学会誌』　第 6 巻　第 11 号、1963 年)
文献 2-17　牧山鶴彦　「新潟ガス田の層序および地質構造について」(『石油学会誌』　第 6 巻　第 9 号、1963 年)
文献 2-18　日下部実　他　「カメルーン・ニオス湖ガス災害(1986 年 8 月)の原因　―火口湖からの炭酸ガスの突出―」(日本火山学会　『火山』　第 2 集　第 32 巻　第 1 号、1987 年)

第三章　地下ガス(バブル)による液状化
文献 3-1 　寒川旭　『地震考古学　―遺跡が語る地震の歴史―』(中央公論新社、1992 年 10 月)
文献 3-2 　寒川旭　「遺跡が語る巨大地震の過去と未来　―境界領域 地震考古学」の開拓―」(『シンセシオロジー(Synthesiology)』 Vol.2　No.2、2009 年 6 月)
文献 3-3 　寒川旭　「遺跡に見られる液状化現象の痕跡」(『地学雑誌』、1999 年 8 月)

文献 3-4   寒川旭 「遺跡で検出された地震痕跡による古地震研究の成果」(『活断層・古地震研究報告』 No.1、2001 年)
文献 3-5   中島秀雄 他 「X 線を用いた土の浸透破壊実験とその考察」(『応用地質年報』 No.9 1987、1987 年 12 月)
文献 3-6   寒川旭 他 「富山平野の北西縁で検出された地震の痕跡」(『活断層・古地震研究報告』 No. 2、2002 年)
文献 3-7   千葉県環境研究センター 「平成 23 年(2011 年) 東北地方太平洋沖地震による液状化—流動化現象と詳細分布調査結果— 第 6 報 平成 25 年度地層断面調査結果速報」『東日本大震災液状化報告書』(2014 年 3 月)(インターネットにて公表)
https://www.pref.chiba.lg.jp/wit/chishitsu/ekijoukahoukoku/ (2016,3,26)
文献 3-8   金井清 他 『南海大地震災害報告』(土木学会、1947 年 8 月)
文献 3-9   五味文彦・本郷和人編 『現代語訳吾妻鏡』(吉川弘文館、2007 年 10 月)
文献 3-10 代田寧 他 「神奈川県における温泉付随ガスの実態調査結果(第 1 報)」(『神奈川県温泉地学研究所報告』 第 40 巻、2008 年)
文献 3-11 宇佐美龍夫 『日本被害地震総覧』(東京大学出版会、2013 年 9 月)
文献 3-12 若松加寿江 『日本の液状化履歴マップ』(東京大学出版社、2011 年 03 月)
文献 3-13 株式会社 クボタ 「特集 液状化・流動化」の「阪神淡路大震災(1995) 2、神戸・阪神間の湾岸埋立地 」(『アーバンクボタ』 No.40 、2003 年 3 月) (インターネットにて公表)
www.kubota.co.jp/siryou/pr/urban/pdf/40/ (2016,3,26)
文献 3-14 田地陽一 他 「平成 12 年鳥取県西部地震における液状化被害」(『土木学会第 56 回年次学術講演集』、2001 年 10 月)
文献 3-15 清田隆 他 「ニュージーランド・カンタベリー地方で発生した一連の地震における液状化被害」(『生産研究』 63 巻 6 号、2011 年)
文献 3-16 神戸市開発局 『兵庫県南部地震による埋立地地盤変状調査(ポートアイランド・六甲アイランド) 報告書』(1995 年)
文献 3-17 土木学会芸予地震被害調査団 『2001 年 3 月 24 日芸予地震被害調査報告』(土木学会、2001 年 4 月)(インターネットにて公表)
www.jsce.or.jp/report/13/index.html (2016,3,27)
文献 3-18 通商産業省工業技術院地質調査所 『地域地質研究報告 5 万分の 1 地質図幅岡山(12) 第 17 号 松江地域の地質』(1994 年 2 月)
文献 3-19 稲葉一成 他 『中越地震による農地の液状化被害』 (インターネットにて公表)
www.sc.niigata-u.ac.jp/geology/saigai/126.pdf (2016,3,27)
文献 3-20 国土交通省北陸地方整備局企画部、地盤工学会 北陸支部 『新潟県内液状化しやすさマップ』(2012 年 7 月)
文献 3-21 通商産業省工業技術院地質調査所 『地域地質研究報告 5 万分の 1 地質図幅新潟(7) 第 38 号 長岡地域の地質』(1991 年)
文献 3-22 高田圭太 他 「アメリカ北西部カスケーディアにおける地震液状化痕跡のジオスライサー調査」(『活断層・古地震研究報告』 No1、2001 年)

文献 3-23 U.S. Geological Survey 『Areas of Historical　Oil and Gas Exploration and Production in the Conterrminous United States 1：3,750,000 』（1996,7）（インターネットにて公表）
http://pubs.usgs.gov/dds/dds-069/dds-069-q/graphic/us_production.pdf （2016,8,19）
文献 3-24 地学団体研究会編　『新版　地学事典』（平凡社、1996 年 10 月）
文献 3-25 千葉県環境研究センター地質環境室　『液状化―流動化現象について ―2011 年東北地方太平洋沖地震での被害状況と分かってきたメカニズム―』（2013 年 3 月）
文献 3-26 気象庁　『震度データベース検索』（インターネットにて公表）
www.data.jma.go.jp/svd/eqdb/data/shindo/　（2016,3,27）
文献 3-27 田沢堅太郎　他　「広域応力場と伊豆大島の割れ目噴火の関係」（『火山（日本火山学会）』　第 41 巻　第 5 号、1996 年）
文献 3-28 辻　隆司　他　「砂岩層中にみられる流動化・液状化による変形構造　―宮崎県日南層群の例と実験的研究―」（『地質学雑誌』　第 93 巻　第 11 号、1987 年 11 月）

第四章　液状化類似現象と変則事例

文献 4-1 科学技術庁研究調整局　『新潟県北部における天然ガス噴出機構の解明と防止に関する特別研究報告書』（昭和 48 年度特別研究促進調整費）（1975 年）
文献 4-2 金子信行　他　「2003 年十勝沖地震に伴い千歳市泉郷地区に噴出した天然ガスの起源」（『石油技術協会誌』　第 70 巻　第 3 号、2005 年 5 月）
文献 4-3 三浦清一　他　『2003 年十勝沖地震による地盤災害について』（土木学会）（インターネットにて公表）
www.jsce.or.jp/report/25/pdf/ziban.pdf　（2016,8,19）
文献 4-4 朝日新聞社　『シベリアに謎のクレーター出現　メタン放出を恐れる学者』（インターネット情報）
www.asahi.com/articles/ASH7H4T21H7HULBJ009.html　（2015,11,17）
文献 4-5 陶野郁男　他　「土の四方山話、理学・工学それとも理工学」（『日本第四紀学会賞受賞記念講演会』　日本第四紀学会、2014 年 2 月）　d.hatena.ne.jp/tchiba/20140305
文献 4-6 インターネット情報　『シベリアの巨大穴』
www.y-asakawa.com/Message2015-3/15-message116.htm　（2016,4,7）
文献 4-7 インターネット情報　『クレーターの成因と種類』
space.geocities.jp/drjfw841/public_html/3.../3_craters.htm　（2016,4,17）
文献 4-8 梅田康弘　他　「1946 年南海地震前に四国太平洋沿岸部で目撃された井戸水及び海水面の変化」（『地質調査報告』　第 65 巻　第 11/12 号、2014 年）
www.gsj.jp/data/bulletin/65_11_full.pdf　（2016,4,7）
文献 4-9 高橋誠　他　「産総研　地震地下水観測ネットワーク」（『地質ニュース』　596 号、2004 年 4 月）
文献 4-10 高橋誠　他　「2000 年鳥取県西部地震前後の近畿地域およびその周辺地域における地下水位・地殻歪変化」（『地震』　第 2 報　第 55 巻、2002 年）

文献 4-11	産業技術総合センター地質調査総合センター活断層・火山研究部門　「地下水観測 ― 東海地震予測を目指して―」（『地震に関する地下水観測データベース"Well Web"』より）（インターネットにて公表）gbank.gsj.jp/wellweb/　（2016,4,7）
文献 4-12	小泉尚嗣　「地震時および地震後の地下水圧変化」（『地学雑誌』　2013 年 3 月）
文献 4-13	第五管区海上保安本部海洋情報部　『昭和 21 年　南海大地震調査報告　水路要報昭和 23 年（要約版）』　www1.kaiho.mlit.go.jp/KAN5/siryouko/.../suiro-youhou.html　（2016,4,7）
文献 4-14	香川　淳　他　「千葉県内の観測井に現れた 2011 年　東北地方太平洋沖地震の影響」（『千葉県環境センター年報』、2011 年）
文献 4-15	関東天然瓦斯開発㈱及び大多喜天然瓦斯㈱　『五十年の歩み』（社史）（1981 年 12 月）

第五章　液状化の課題と検証

文献 5-1	日本建築学会　『建築基礎構造設計指針』（日本建築学会、2001 年 10 月改定）
文献 5-2	日本道路協会　『道路橋示方書・同解説、Ｖ耐震設計編』（日本道路協会、1980 年改定）
文献 5-3	松尾　修　「道路橋示方書における地盤の液状化判定方法の現状と今後の課題」（『土木学会論文集』　No.757/ Ⅲ、2004 年 3 月）
文献 5-4	神谷浩二　他　「保水性を制御した不飽和土の透気係数の測定」（『土木学会論文集』、2006 年 9 月）
文献 5-5	西垣誠　「室内透水試験法の変遷と今後の課題」（土質工学会　『土と基礎』、2006 年 2 月）

◆第二部　地震火災へ（パラダイムの広がり）
第六章　ガス（バブル）の"悪戯"

文献 6-1	林正樹　他　「大規模土留め工の安定に関わる考察」（『北陸地方整備局管内技術研究論文集』、2002 年）
文献 6-2	宮城県　『第 11 回評価委員会　村田町竹の内地区産業廃棄物最終処分場生活環境影響調査報告書概要版』（インターネットにて発表、開催日　2011 年 8 月）www.pref.miyagi.jp/uploaded/attachment/6364.pdf　（2016,4,7）
文献 6-3	インターネット情報　『竹の内産廃　地震直後のガス噴出』blog.goo.ne.jp/.../e/3f2b3629d30f19e5df206f04655c7bfc　（2016,4,7）
文献 6-4	前田直樹　他「島根県木部谷間欠泉における振動について」（『温泉科学』　第 50 巻、2000 年）
文献 6-5	松村邦仁　他　「垂直円筒容器内のガイセリングに関する研究　」（『日本原子力学会和文論文誌』　Vol. 11、2012 年）
文献 6-6	相川喜正　他　「島根県木部谷間欠泉における噴騰中の化学組成の変化」（『温泉科学』　第 30 巻、1980 年）
文献 6-7	新谷俊一　他　「新潟県十日町市における泥火山噴出物の起源」（『地学雑誌』　118(3)、2009 年）
文献 6-8	国際日本文化研究センター　『怪異・妖怪伝承データベース　かまいたち』（インター

ネットにて公表）
www.nichibun.ac.jp/youkaidb/　（2016,4,7）
www.nichibun.ac.jp/cgi-bin/YoukaiDB2/ksearch.cgi?Area=全国&Name=カマイタチ　（2016,4,7）

文献 6-9　監修　岩井宏實　『日本の妖怪百科』（河出書房新社、2000 年 4 月）

文献 6-10　独立行政法人土木研究所　『河川堤防の浸透に対する照査・設計のポイント』（2013 年 6 月）（インターネットにて公表）
www.pwri.go.jp/team/smd/.../syousasekkei%20point1306.pdf　（2016,6,12）

第七章　地下ガスによる地震火災

文献 7-1　森　英樹　『関東大震災　66 年目の告発　被服廠跡の 3 万 6 千人は何故死んだ』（森聖出版社、1989 年 8 月）

文献 7-2　帝都罹災児童救援会編　『関東大震大火災全史』（1924 年 3 月）

文献 7-3　内務省社会局　『大正震災志』（1926 年 2 月）（復刻版　1986 年）

文献 7-4　報知新聞社編　『大正大震災誌』（国立国会図書館所蔵、発行日不明、1923 年 10 月 12 日寄贈と記されている。）

文献 7-5　諏訪徳太郎　『誰にも必要なる地震の智識』（1923 年 10 月）

文献 7-6　小林房太郎　「地震予知を論じて地震研究会の設立に及ぶ」（博文館　雑誌『太陽』、第 30 巻　第 11 号、1924 年 9 月）

文献 7-7　帝都復興協会編　『関東大震大火実記』（1923 年 12 月）

文献 7-8　山本実編　『大正大震火災誌』（改造社、1924 年 6 月）

文献 7-9　清水幾太郎　「関東大震災がやってくる」（文芸春秋　雑誌『諸君』、1971 年 1 月）

文献 7-10　墨田区横網一丁目埋蔵文化財調査会編　『東京都墨田区本所御蔵跡・陸軍被服廠跡 NTT-G 墨田ビル（仮称）建設に伴う墨田区横網一丁目遺跡第二地点発掘調査報告書』（NTT ドコモ東日本電信電話 NTT ファシリティーズ／墨田区横網一丁目埋蔵文化財調査会、2002 年 12 月）

文献 7-11　国立研究開発法人　農業環境技術研究所　『歴史的農業環境閲覧システム』（インターネットにて公表）habs.dc.affrc.go.jp/　（2016,6,12）

文献 7-12　国土交通省国土地理院　『明治期の低湿地データ』（インターネットにて公表）
www.gsi.go.jp ＞ 地理院ホーム ＞ 地図・空中写真 ＞ 主題図（地理調査）- キャッシュ　（2016,6,12）

文献 7-13　武村雅之　「1923 年関東地震による東京都中心部（旧 15 区内）の詳細震度分布と表層地盤構造」（『日本地震工学会論文集』　第 3 巻　第 1 号、2003 年）

文献 7-14　東京都　総務局行政部　『安政江戸地震災害誌』（1973 年 3 月）

文献 7-15　土木学会編　『大正 12 年関東大地震震害調査報告』（1926 年 8 月）（復刻　1984 年 9 月）

文献 7-16　東京消防庁火災予防対策委員会　『東京都の大震火災対策　第 2 編　震火災被害要因の検討』（東京消防庁、1960 年）

文献 7-17　東京ガス株式会社　『東京ガス百年史』（社史）（1986 年 3 月）

文献 7-18　警視庁消防部　『帝都大正震火記録』（1924 年 3 月）
文献 7-19　東京消防庁火災予防対策委員会　『大震火災に対する都民の心構え　大震火災対策その 1』（東京消防庁、1963 年 8 月）
文献 7-20　小鹿島果　『日本災異志』（発行者　記載なし、明治癸巳（26 年）6 月）（復刻版㈱五月書房、1982 年 7 月）
文献 7-21　東京都江戸東京博物館　「関東大震災と安政江戸地震」（『東京都江戸東京博物館調査報告集』　第 10 集、2000 年 3 月）
文献 7-22　天然ガス対応のための関係官公庁連絡会議編　『施設整備・管理のための天然ガス対策ガイドブック』（国土交通省関東地方整備局東京第二営繕事務所、2007 年 3 月）
文献 7-23　内閣府　防災情報ページ　『災害教訓の継承に関する専門調査報告書　1948 福井地震』（インターネットにて公表）www.bousai.go.jp　（2016,4,7）
文献 7-24　新潟県県民生活・環境防災局消防課　『新潟県中越地震における火災の発生状況について』（2004 年 11 月）（インターネットにて公表）
　　　　　www.pref.niigata.lg.jp/shobo/1201626048601.html　（2016,4,7）
文献 7-25　消防防災博物館　『地震時における出火防止対策のあり方に関する調査検討報告書』（インターネットにて公表）
　　　　　www.bousaihaku.com/cgi-bin/hp/index2.cgi　（2016,5,16）
文献 7-26　土木工学会　『1994 年ノースリッジ地震震害調査報告』（1997 年 2 月）
文献 7-27　黒木松男　「判例研究：阪神大震災通電火災高裁判決」（判例時報社『判例時報』、大阪高裁平成 11〈1999〉年 6 月 2 日、1715 号 86 頁）
文献 7-28　関澤愛　「東日本大震災における火災の全体像と津波起因火災の考察」（『季刊　消防科学と情報』　No.108、2012 春号　）

終　章　地震火災への対応
文献 8-1　野家啓一　『科学哲学への招待』（筑摩書房、2015 年 3 月）
文献 8-2　編集　堀内正規　『震災後を読む文学』（早稲田大学出版部、2013 年 3 月）
文献 8-3　池上良平　『震源を求めて　―近代地震学への歩み―』（平凡社、1987 年 4 月）

あとがき
文献 00-1　監修　清水幾太郎　『手記　関東大震災　―関東大震災を記録する―』（新評論、1975 年 7 月）
文献 00-2　清水幾太郎　『清水幾太郎著作集　14　わが人生の断片　地震のあとさき』（講談社、1993 年 4 月）
文献 00-3　訳者　成田成寿　『随筆集　ベーコン』（中央公論新社、2014 年 9 月）

堀江　博 （ほりえ　ひろし）

1953年生まれ。栃木県出身。現在 千葉県在住。
1976年東北大学工学部卒業。同年 ゼネコン入社。
2013年　定年退職。
約40年、液状化対策関連の工事を含む地下工事の計画・設計・施工等に関わり、多くのプロジェクトに、シビルエンジニアとして参画。
特に、国内外のプロジェクトで、地下ガス噴出に絡んで生じる「地下ガスの挙動」の不思議さに遭遇。
退職前より、長年の懸案であった「地下ガスの挙動」の解明に着手。その後、不思議な現象が生じる「地震時の地盤の液状化」を、「地下ガスの挙動」に関わる迷宮入り科学として捉える。
これまで、未解明科学として俎上にも載っていなかった「地下ガスの挙動」を、ライフワークとする。
さらに、「地下ガスの挙動」の解明は、「地震時の地盤の液状化」に限らず、「地震火災」等の多く不思議な現象の解明に繋がると捉え、その領域を広げる。現在　継続勤務の傍ら、本調査・研究を個人で継続中。

地より火出る
地下ガスによる液状化現象と地震火災
―迷宮入り科学解明とパラダイムシフト―

●二〇一七年一月四日――第一刷発行

著者／堀江　博

発行所／株式会社 高文研
　東京都千代田区猿楽町二―一―八
　三恵ビル（〒一〇一―〇〇六四）
　電話 03（3295）3415
　http://www.koubunken.co.jp

印刷・製本／モリモト印刷株式会社

★万一、乱丁・落丁があったときは、送料当方負担でお取りかえいたします。

ISBN978-4-87498-609-7 C0044